WERKSTATTBÜCHER
FÜR BETRIEBSBEAMTE, VOR- UND FACHARBEITER
HERAUSGEGEBEN VON EUGEN SIMON, BERLIN
===== HEFT 10 =====

Kupolofenbetrieb

von

Carl Irresberger

Mit 63 Figuren und
5 Zahlentafeln im Text

Springer-Verlag Berlin Heidelberg GmbH
1922

Inhaltsverzeichnis.

	Seite
Zeichen und Abkürzungen	2
Einleitung	3
I. Die Ausmauerung	3

Stärke des Mauerwerkes S. 3. — Stützung des Mauerwerkes S. 3. — Art der Auskleidung S. 4. — Futter aus Stampfmasse S. 4. — Futter aus Mauerwerk S. 4.

II. Das Zustellen 6

Reinigen des Schachtes S. 6. — Ausschmieren des Schachtes S. 7. — Herrichtung der Herdsohle S. 8. — Abstichöffnung S. 9. — Abstichrinne S. 11. — Schlackabstichloch S. 12.

III. Das Anfeuern (Anheizen) 13

Gewöhnliches Anfeuern S. 13. — Ölbrennerzündung S. 13.

IV. Der Füllkoks 15

V. Das Setzen (Gichten) 16

Satzgröße S. 16. — Aufgeben (Gichten) der Sätze S. 19.

VI. Die Zuschläge 22

Art der Zuschläge S. 22. — Menge der Zuschläge S. 22. — Form der Zuschläge S. 23.

VII. Die Düsen 23

VIII. Das Schmelzen 24

Schmelzbeginn S. 24. — Schmelzverlauf S. 25. — Reinigen der Düsen S. 26. — Abstechen S. 27. Schließen des Abstiches S. 28. — Mechan. Absticheinrichtung S. 29. — Abschlacken (Schlackenabstich) S. 31.

IX. Störungen des Schmelzverlaufes 33

Hängenbleiben S. 33. — Explosionen S. 35. — Erglühen von Teilen des Ofens S. 36.

X. Das Abstellen und Entleeren . 36

Richtiges Abstellen S. 36. — Wegschaffen der Schmelzreste S. 38. — Dämpfen des Kupolofens S. 38.

XI. Der Windbedarf 39

Windmenge S. 39. — Windpressung S. 41.

XII. Die Windmessung 41

Statischer Druck S. 41. — Dynamischer Druck S. 42. — Gebläse S. 48.

XIII. Die Betriebsaufschreibungen . . 46

Bedarfsaufnahme, Schmelzanweisung und Schmelzbericht S. 46. — Satzanzeige während des Schmelzens S. 49. — Lagerbestände S. 50. — Selbstkostenermittlung S. 52.

Zeichen und Abkürzungen.

mm = Millimeter.
m = Meter.
m^2 = Quadratmeter.
m^3 = Kubikmeter.
m/s = Meter in der Sekunde.
m^3/s = Kubikmeter in der Sekunde.
h = Stunde ⎫
m = Minute ⎬ bei Uhrangaben.
l = Liter.

kg = Kilogramm.
^{0} = Grad Celsius.
% = Prozent (= vom Hundert).
W.-S. = Wassersäule.
g = Beschleunigung der Erdschwere
 = 9,81 m.
γ = spezifisches Gewicht der Luft =
 = 0,2374.

Alle Rechte, insbesondere das der Übersetzung in fremde Sprachen, vorbehalten.
Copyright 1922 by Springer-Verlag Berlin Heidelberg
Ursprünglich erschienen bei Julius Springer in Berlin 1922
Softcover reprint of the hardcover 1st edition 1922

ISBN 978-3-7091-2434-5   ISBN 978-3-7091-2435-2 (eBook)
DOI 10.1007/978-3-7091-2435-2

Einleitung.

Das vorliegende Heft soll sich ausschließlich mit der **Praxis** des Kupolofenbetriebes befassen. Erörterungen über die theoretischen Grundlagen des Verbrennungs- und Schmelzprozesses, über die verschiedenen Kupolofensysteme und Bauausführungen waren darum von vornherein ausgeschlossen. Nur die Lage und Form der Düsen wurde insoweit behandelt, als der Betriebsleiter leicht in der Lage ist, bestehende Mängel selbst zu beheben. Auch bei Besprechung von Koksaufwand und Windbedarf war das Bestreben maßgebend, theoretische Nachweise möglichst zu vermeiden und nur die für richtiges Verständnis unentbehrlichen Grundlagen in aller Kürze anzudeuten. Das gesamte Gebiet des Gattierungswesens mußte, dem Ziele des Heftchens entsprechend, völlig außer Erörterung bleiben. Etwas eingehender wurde die Windmessung behandelt in der Absicht, den Praktiker auf dieses wichtigste Hilfsmittel zur besten Führung des Schmelzens ganz besonders zu verweisen und ihn in die Lage zu bringen, insbesondere auch die Windmengenbestimmung ohne fremde Hilfe selbst in die Wege zu leiten und den dazu dienenden Instrumenten volles Verständnis entgegenzubringen.

I. Die Ausmauerung.

Stärke des Mauerwerkes. Sie kann bei kleinen Öfen von 500 mm lichtem Durchmesser mit 100 mm und bei großen Öfen von 1000 mm lichtem Durchmesser aufwärts bis zu 250 mm bemessen werden, doch empfiehlt es sich, auch bei kleinen Öfen nicht unter 150 mm Wandstärke zu gehen. Wandstärken über 250 mm sind für Öfen bis 1500 mm lichten Durchmesser nicht empfehlenswert, da sie die Wärmeverluste durch Strahlung nicht nennenswert zu vermindern vermögen und infolge größerer Wärmespeicherung rascheres Abschmelzen der Steine bewirken. Nur bei ganz großen Stahlwerkskupolöfen mit Durchmessern bis zu 3000 mm geht man bis zu 320 mm Wandstärke. Zahlentafel 1 gibt die bei verschiedenen Durchmessern bestgeeigneten Wandstärken an.

Zahlentafel 1. Mauerstärken.

Lichte Weite	Mauerstärke
500	150
700	150
800	200
1000	200
1500	250
2000	275
3000	320

Stützung des Mauerwerkes. Zum Stützen bringt man mitunter Winkelstützen (Fig. 1) an, die am Mantel durch Schrauben oder Nieten befestigt werden. 2 bis 3 Nieten genügen zur Befestigung jeder Stütze. Der Abstand zwischen zwei Stützen soll im Kreise nicht mehr als 600 mm betragen. Die erste Reihe von Stützen wird ungefähr 600 mm über Düsenoberkante angebracht und die weiteren Reihen in Abständen von etwa 1000 mm. Anstelle der Winkelstützen kann man auch ganze Ringe aus Winkeleisen anbringen, die zugleich eine Versteifung des Mantels bilden. Mitunter bringt man auch nur 3÷4 schmälere Stützen im Kreise an und legt darauf einen zweigeteilten gußeisernen Ring. Das letzte Verfahren ist am vorteilhaftesten, da es beim Ausmauern die geringsten Hemmungen ergibt. Winkel- sowie Gußeisenringe sind einfachen Winkelstützen vorzuziehen, sie gewähren sowohl gegen das Durchrieseln von zermürbtem Mauerwerk, wie gegen das Hochsteigen von Wind, der durch etwaige Fugen ins Mauerwerk dringen konnte, außerhalb des Schachtes Schutz. Die Ringbreite soll so gering bemessen werden, daß auch beim äußerst zulässigen Abschmelzen des Mauerwerkes der Ring nicht in die Gefahr kommt, abzubrennen. Winkeleisenringe erhalten etwa 50 mm Flanschstärke.

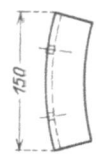

Art der Auskleidung. Die Auskleidung des Schachtes kann durch Ausstampfen mit feuerfester Masse oder durch Aufführung eines Mauerwerkes erfolgen. Zur Bereitung der **Stampfmasse** verwendet man feuerfeste Tone, Schamotte und scharfen Sand in verschiedenen Mischungsverhältnissen. Gut bewährt hat sich ein Gemenge von Kaolin und grobkörnigem, völlig kalk- und tonfreiem Flußsand.

Fig. 1. Mauerstütze.

Für den Herd und die Schmelzzone haben sich Quarzschamottesteine vorzüglich bewährt. In der Schmelzzone, weniger aber im Herde, leisten auch manche Talkschiefer ausgezeichnete Dienste. Im obersten Teil des Schachtes verwendet man am besten Formstücke aus Gußeisen, sogenannte „gußeiserne Steine". Für den Schacht oberhalb der Gichtöffnung genügen feuerfeste Steine zweiter Güte. Radialsteine sind gewöhnlichen prismatischen sowie keilförmigen Steinen vorzuziehen. Fig. 2 läßt rechts die vom Schachtinneren bei c bis zum Außenrande bei d durchaus gleichmäßige Fuge keilförmiger und radialer Steine und links die von a nach b sich rasch erweiternde Fuge prismatischer Steine deutlich erkennen. Sobald das Mauerwerk etwas abschmilzt, zermürbt der Mörtel, rieselt aus und das Feuer hat in den leeren Fugen neue Angriffsflächen, die den Stein rasch zugrunde gehen lassen. Radialsteine bieten den Keilsteinen gegenüber den großen Vorteil, daß sie weniger Fugen erfordern.

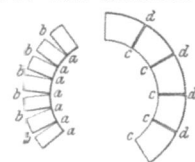

Fig. 2. Prismatische und radiale Steine.

Futter aus Stampfmasse. Die Masse darf nur mit so viel Wasser angemacht werden, daß sie eben plastisch wird; ein größerer Wassergehalt befördert die Bildung von Rissen während des Trocknens. Zur Formgebung verwendet man eine Lehre, die sich um eine in der Ofenmitte aufgestellte und festgespannte Spindel dreht, oder eine kurze Modelltrommel, die entsprechend der fortschreitenden Stampfarbeit entweder freihändig oder an einer Spindel oder mittels eines Seiles, das über eine Rolle oberhalb des Schachtes läuft, hochgezogen wird. Gestampfte Ofenfutter sind zwar bei der Herstellung beträchtlich billiger als solche aus bestgeeigneten Schamottesteinen, werden aber auf die Dauer teurer, da sie wesentlich weniger haltbar sind. Der nur von einer Seite wirkende Trocknungsvorgang im Kupolofen vermag niemals den von allen Seiten auf den verhältnismäßig kleinen Stein einwirkenden Ofenbrand zu ersetzen, wie er den Schamottesteinen zuteil wird.

Futter aus Mauerwerk. Für jede Art Mauerwerk muß der Mörtel mindestens dieselbe Widerstandsfähigkeit gegen die Hitzewirkungen und die chemischen Angriffe von Gasen und Schlacken haben wie die verwendeten Steine. Wo das nicht der Fall ist, brennen die Fugen aus, und es entstehen neue Angriffsflächen, die dem Mauerwerke gefährlich werden. Man macht den Mörtel möglichst dünn an und trägt zunächst auf die genau wagerecht ausgerichtete Bodenplatte des Herdes eine dünne Schicht auf. Dann werden die Steine in die Hand genommen, in Mörtel getaucht und in die Mörtelschicht auf der Bodenplatte gedrückt. Nach dem Einlegen eines vollständigen Steinringes wird seine Oberfläche glatt abgestrichen und dafür gesorgt, daß keinerlei Fuge oder Höhlung offen bleibt. Die Steine werden niemals hart an den Mantel des Ofens gelegt, da sonst bei der unausbleiblichen Ausdehnung des Mauerwerkes infolge der Schmelzhitze der Mantel gesprengt oder das Mauerwerk zerdrückt werden könnte. Der Zwischenraum zwischen Mauer und Mantel beträgt bei kleinen Öfen mindestens 20 mm, bei größeren bis zu 50 mm. Er wird mit Asche, Schlackensand oder tonfreiem Mauersand ausgefüllt. Gewöhnlicher Formsand oder gar Lehm ist hierzu ungeeignet, da diese Stoffe hart zusammenbacken und dann nicht mehr nachgeben können. Bei Verwendung von Keilsteinen, die in normaler Abmessung (Fig. 3) von den meisten Schamottefabriken auf Lager gehalten werden, läßt man die Längsfugen übereinanderfallen

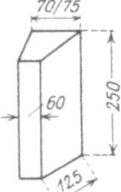
Fig. 3. Keilstein.

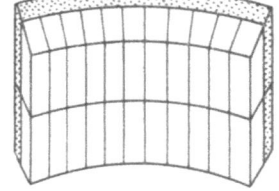
Fig. 4. Keilsteinfutter.

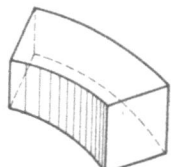
Fig. 5. Radialstein.

(Fig. 4) und verzichtet darauf, die Steine durch Abreiben genau aneinander zu passen. Beim Vermauern von Radialsteinen (Fig. 5), die infolge ihrer beträchtlich größeren Maße niemals ganz genau aneinander passen, ist es gut, jeden Ring erst auf einer ebenen Unterlage zusammenzustellen und die Berührungsflächen möglichst genau aneinander zu schleifen. Die hierfür nötigen Lohnausgaben werden durch größere Lebensdauer der Ausmauerung reichlich hereingebracht. Jede Schicht ist mit Hilfe einer Wasserwage wagerecht auszurichten. Auch die für die Schmelzzone vorzüglich bewährten Talkschiefersteine sollen nur auf genaues Maß behauen verwendet werden. Der Preis für behauene Steine ist zwar recht erheblich höher als der der rohen Steine, doch lohnt er sich durch die größere Lebensdauer eines behauenen Mauerwerkes. Die für das Mauerwerk von 1 m oberhalb der Schmelzzone an aufwärts zu verwendenden „eisernen Steine" müssen stets auf einem Tragringe (s. o.) ruhen, da sonst ihr

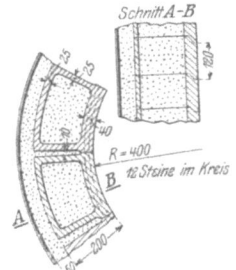
Fig. 6. Mit Sand ausgestampfte Eisensteine.

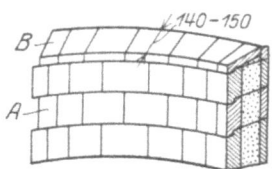
Fig. 7. Mauer aus eisernen Steinen.

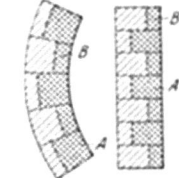
Fig. 8. Zweischichtiges Mauerwerk.

Gewicht, den infolge der Schmelzhitze nachgiebiger gewordenen unteren Steinen schädlich wäre. Die eisernen Steine werden stets hohl hergestellt und nach dem Ausmauern einer jeden Schicht mit trockenem Formsand vollgestampft (Fig. 6).

Zur Hintanhaltung von Verschiebungen und zur Gewinnung dichter Fugen haben die eisernen Steine Nut und Feder (Fig. 7). Die oberste Schicht dieser Steine ist zu einer Art Deckelform (B in Fig. 7) auszubilden, die einen guten Abschluß gewährleistet. Gußeiserne Steine in genügender Höhe oberhalb der Schmelzzone haben den Vorzug schier unbegrenzter Haltbarkeit, während in der gleichen Schachthöhe verwendete Schamottesteine durch die mechanischen Angriffe beim Gichten des Eisens bald beschädigt werden und erneuert werden müssen.

Gut bewährt hat sich die Ausführung eines **zweischichtigen Mauerwerkes** nach Fig. 8. Die äußere Schicht besteht aus geringwertigeren Steinen und greift abwechselnd verzahnt in die innere ein. Solches Mauerwerk kann bis fast an den inneren Rand der äußeren Schicht abschmelzen, worauf unter Verwendung der noch nicht zur Hälfte abgeschmolzenen langen Steine A als Halbstücke B und der gesamten äußeren Steine das Futter neu aufgeführt wird, wozu nur ein Satz A-Steine neu zu beschaffen ist. Solche Anordnungen sind bei Stahlwerkskupolöfen gebräuchlich, die solange ununterbrochen betrieben werden, als das Mauerwerk Stand hält.

Die **Eisenabstichöffnung**, das **Schlackenloch** und die Öffnung für die **rückwärtige Hilfstüre** werden ausgespart, die Düsen zugleich mit dem Hochführen des Mauerwerkes eingemauert. Es ist wichtig den Mörtel ganz schlank anzumachen, um die Fugenstärke auf das unumgängliche Mindestmaß zu beschränken. Man bereitet ihn am besten aus Schamottemehl von alten Kupolofensteinen und feuerfestem Ton. Durch Aufkochen in einem Kessel erhält das Gemenge größere Bindekraft und Haltbarkeit.

Nach vollzogener Ausmauerung läßt man den Ofen mit offenen Türen, Bodenklappen und Düsen sowie ungehemmter Verbindung zur Esse 2 Tage stehen, wobei er genügend lufttrocken wird, um später nach Einsetzen des Bodens durch ein etwa 3÷4 Stunden lang unterhaltenes Holzfeuer vollends betriebstrocken gemacht zu werden.

Die Ausmauerung eines **Vorherdes** erfolgt nach den gleichen Grundsätzen wie diejenige des Hauptschachtes. Man stellt zunächst den Boden aus hochkant vermauerten Schamottesteinen her und errichtet auf dieser Grundlage das Seitenfutter aus Keil- oder Radialsteinen. Beim ersten Austrocknen ist es gut ausgiebig Holzkohle zu verwenden.

II. Das Zustellen.

Reinigen des Schachtes. Nach ausreichender Abkühlung, die, falls die Nacht über ungehemmt freier Durchzug wirken konnte, 12 Stunden nach Entleerung des Ofens erreicht wird, steigt ein Mann in den Schacht — von oben oder unten — und bricht mit einem Hammer — falls dieser nicht ausreicht, mit Hammer und Meisel — vorstehende Schlackenansätze und sonstige Schmelzreste weg, ohne aber im übrigen die dünne Schlackenglasurschicht zu beschädigen, geschweige denn zu entfernen. Solche Schlackenglasur ist meist widerstandsfähiger als eine neue Ausschmierung. Besonders sorgfältig ist die Schmelzzone bis zur Höhe von etwa 750 mm über den Düsen zu reinigen, da dort verbleibende Ansätze leicht Anlaß zum Hängenbleiben der Schmelzsäule geben. Für die Reinigungsarbeiten sind kräftige Werkzeuge nötig, es soll e i n Hammerschlag genügen um einen Ansatz abzuschlagen. Muß wiederholt zugeschlagen werden, so treten weitergreifende Erschütterungen des Mauerwerkes ein. Man gebe dem Manne einen Hammer und zwei Picken von je $2^1/_2$ und 4 kg Gewicht mit recht kräftigem Holz- oder noch besser mit eisernem Stiele.

Ausschmieren des Schachtes. Nach dem Ausmeißeln werden alle Risse und Löcher mit feuerfestem Mörtel verschmiert. Hierfür eignet sich ein Gemenge aus blauem Ton, feuerfestem Ton und Quarzsand. Quarzsand bewährt sich als Magerungsmittel besser als das noch vielfach verwendete Schamottemehl. Der feuerfeste Ton muß mindestens 24 Stunden vor seiner Verwendung durchweicht werden — am besten bewahrt man dauernd eine größere Menge davon unter Wasser auf — worauf man ihn in einem langen Troge mit blauem Tone und Quarzsand im Verhältnis von 40% ff. Ton, 20% blauen Ton und 40% Quarzsand unter Verwendung kräftiger Schlaghölzer innig vermengt. Dem Mischen von Hand ist das Mischen in einer Mischmaschine weitaus vorzuziehen. Eine gründlich gemischte Masse ist ausgezeichnet plastisch, sie haftet gut an den Steinen, springt beim Trocknen nicht ab und widersteht der Schmelzhitze und den chemischen Beanspruchungen der flüssigen Schlacke fast ebensogut wie bester feuerfester Stein. Voraussetzung ist aber, was nicht genug betont werden kann, neben guten Rohstoffen allerinnigste Mischung. Man macht den Mörtel so zäh an, daß er sich gerade noch unter kräftigem Drucke aufstreichen läßt und verwendet ihn niemals in ganz frischem Zustande, sondern erst nach mindestens zweitägiger Ablagerung.

Die zu bestreichenden Flächen werden durch Abbürsten — wenn angängig durch Abblasen mittels einer Druckluftdüse — gründlich von Staub befreit und dann mit einer nassen Bürste befeuchtet, ehe man je nach Beschaffenheit der auszubessernden Stelle den Belag von Hand, mit einer Lanzette oder mit der Kelle aufträgt. Bei Rissen und Lücken ist mit der Kante der Maurerkelle, beziehentlich mit den Fingern nachdrücklichst nachzuhelfen. Das Ziel der Ausschmierung, die Herstellung der ursprünglichen Ofenform, ist nur annähernd zu erreichen, und es wäre verfehlt ihm allzu mechanisch zustreben zu wollen. Jeder Kupolofen pflegt in der Schmelzzone schon nach wenig Schmelzungen bauchig auszuschmelzen. Solange die Ausbauchung nur einige Zentimeter beträgt, kann man sie immerhin durch Ausschmieren ausgleichen.

Fig. 9. Ausgleichung einer scharfen oberen Kante.

Schreitet aber die Aushöhlung weiter vor, so beläßt man sie und begnügt sich auch hier mit einer leichten Ausschmierung. Man hat nur danach zu trachten, etwaige scharfe Übergänge an ihrer oberen und unteren Grenze möglichst auszugleichen. Scharfe Übergänge (Fig. 9) an der oberen Grenze sind schädlich, weil die niedersinkende Schmelzsäule den Hohlraum unter der Kante nicht völlig ausfüllt, so daß hier der heiße Gasstrom zwischen Schmelzsäule und Mauerwerk hochsteigt und das letztere rasch und tief greifend wegschmilzt. Es kann daher geboten sein, hier das Mauerwerk durch gelindes Brechen der Kante bei A künstlich etwas zu erweitern und damit vor tiefer wirkender Schädigung während des Schmelzens zu bewahren. An der unteren Grenze einer Schmelzzonenausbauchung wirkt eine scharfe Kante gefährlich, da sich hier das niedergehende Eisen leicht festsetzen kann und dann die Schmelzsäule hängen bleibt. Hier kann man sich keinesfalls mit einer Abschrägung des Mauerwerkes helfen, man ist darauf angewiesen, durch reichlichere Auftragung von Schmiermasse einen schlanken Übergang zu erzeugen. Oberhalb jeder Düse läßt man die Mauerkante ein wenig vorspringen, während man das Mauerwerk unterhalb der Düsen etwas einzieht, damit das niedertropfende Eisen frei vor der Düse niederfällt und nicht etwa in sie hineinfließt.

Die Ausschmierung soll, abgesehen von kleinen Spalten und Vertiefungen, nicht über 25 mm Stärke aufgetragen werden. Wo stärkere Schichten notwendig sein würden, hilft man sich durch Eindrücken von feuerfesten Scherben in den

Mörtel. Je stärker die Schmierschicht aufgetragen wird, desto geringere Haltbarkeit gewinnt sie. Die Anheizwärme reicht nicht aus, starke Schichten durchaus zu trocknen, oder sie werden zwar oberflächlich trocken, die dichte Deckschichte verhindert aber den Abzug der unter ihr noch vorhandenen Feuchtigkeit, so daß diese sich durch Absplitterungen einen Weg bahnt.

Die Haltbarkeit der Ausschmierung läßt sich durch einen **Karborundumanstrich** nicht unbeträchtlich erhöhen. Man verwendet dazu fein gepulvertes Karborundum, das mit Wasserglas gemischt nicht über $1/2$ mm stark aufgetragen wird. Die Mischung wird folgenderweise hergestellt: 60 Gewichtsteile Karborundum und 40 Gewichtsteile Kieselwasserglas (42° Bé) werden innigst gemengt und so lange mit Wasser verdünnt, bis die Masse sirupartig wird und sich eben noch 0,5 mm stark aufstreichen läßt. Die Ausschmierung des Ofens muß vor Anbringung des Karborundumanstriches gut getrocknet, zum mindesten lufttrocken und möglichst staubfrei sein. Der Karborundumbrei wird mit einem starkborstigen Pinsel dicht aufgetragen, geradeso wie wenn es sich um einen Ölfarbenanstrich handeln würde. Ein Verreiben des Anstriches mit dem Pinsel ist nicht statthaft, dadurch würde nur die Unterschicht geschädigt werden. Da sich das Karborundum in der Mischung leicht absetzt, muß die Masse während des Anstriches wiederholt gründlich durchgerührt werden. Der Karborundumanstrich benötigt eine Trockenzeit von etwa 24 Stunden. Danach wird er mit leichtem Holzfeuer langsam angewärmt, wobei das Wasserglas abschmilzt, so daß schließlich der Karborundumüberzug als glasurartige Schmelze durchaus eben und rissefrei sitzen bleibt.

Herrichtung der Herdsohle. Die Bodenklappen kleinerer Kupolöfen werden meist von Hand geschlossen, indem ein Mann sie soweit anhebt, daß ein anderer unterkriechen und sie mit dem Rücken hochdrücken kann. Dann schließt man sie durch einen Riegel oder einen Keilverschluß und sichert den Verschluß durch einen unter die Klappe gesetzten Pfosten oder eine eiserne Stütze. Den Pfosten wie die Stütze versieht man mit einem eisernen Ringe, der lose am oberen Ende herabhängt oder von demselben winkelig absteht. Vor dem Öffnen der Klappen wird der Ring mit einem Hacken erfaßt und die Stütze weggezogen, wodurch sie zugleich aus dem Bereiche der ausfallenden Schmelzreste gebracht wird. Die Bodentüren größerer Öfen werden mit einem Schraubendruckbocke gehoben und gegen die Bodenplatte gepreßt, worauf man sie wie die Türen kleinerer Öfen mit einer, mitunter auch mit 2 Stützen sichert.

Nach Verschluß der Bodenklappen deckt man innerhalb des Ofens etwaige Löcher mit Eisenplättchen ab und stampft eine Schicht Sand ein, wobei sorgfältig auf gute Verstopfung aller Fugen zu achten ist. In vielen Fällen ist es notwendig hier mit den Händen nachzuhelfen, um jede Spalte sauber und dicht auszufüllen. Man verwendet eine Mischung aus $1/2$ alten und $1/2$ neuen Formsand oder auch aus $2/3$ alten und $1/3$ neuen Formsand. Die Sandmischung wird nicht selten zu fett (tonig) gehalten, so daß beim Entleeren des Ofens beträchtliche Arbeit aufgewendet werden muß, um die nach Öffnung der Bodenklappen verbliebene Bodenschicht zu durchstoßen. Das ist immer fehlerhaft. Die Stampfschicht braucht selbst gar keine Tragfähigkeit zu besitzen, sie hat einzig die Aufgabe die Bodenklappen zu schützen und eine richtig geneigte Fläche zum Ablaufe des niederschmelzenden Eisens zu bilden. Die Sandmischung bedarf darum im allgemeinen keines Lehm- oder Tonzusatzes. Man hat sich aber in Acht zu nehmen, der Stampfmischung zu viel Wasser zuzusetzen. Ein allzu naß angemachter Herd neigt dazu „aufzuschlagen", da durch das Anwärmefeuer zwar seine Oberfläche, nicht aber seine tiefer liegenden Schichten getrocknet werden. Nach dem Anzünden des Anwärmefeuers bildet sich rasch eine wärmeabhaltende Aschenschicht, die das Tiefergreifen der Trockenwärme zunächst hintanhält. Diese Aschenschicht wird später vom schmelzenden Eisen weggeschwemmt, worauf etwa vorhandene tiefer sitzende Feuchtigkeit zu verdampfen beginnt. Da sie keinen anderen Ausweg hat, sprengt sie Teile der gut getrockneten Oberschicht ab, wodurch größere oder kleinere Stellen der Verschlußklappe bloßgelegt werden können, und der Ofen schließlich „durchgehen" kann. Der zum Ausstampfen des Herdes benützte Formsand soll nicht mehr Feuchtigkeit enthalten als zum Anmachen von Modellsand für oberflächlich zu trocknende Formen üblich ist.

Nach Verdichtung der ersten etwa 30 mm starken Stampfschicht stampft man weitere Schichten von je 25÷50 mm Stärke auf, was vielfach durch Festtrampeln mit den Füßen geschieht. Es ist wichtig die einzelnen Schichten nicht stärker als höchstens 50 mm zu machen, da andernfalls ungleichmäßig feste Stellen kaum zu vermeiden sind. Ist schließlich die volle Stärke der Herdsohle mit 100÷150 mm erreicht, so glättet man sie mit dem Flachstampfer, sucht ringsum mit der Hand nach losen Stellen, die insbesondere beim Übergang zum Mauerwerk leicht vorkommen, hilft nach, wo es sich als notwendig erweist und bildet an den Übergangsstellen Hohlkehlen, damit sich kein flüssiges Eisen zwischen Mauerwerk und Sandboden fressen kann.

Der Boden darf keinesfalls schüsselförmig ausgeführt werden, er soll eine durchaus gleichförmige Ebene mit etwa 5% Fall, d. i. 5 mm auf 100 mm, von rückwärts nach dem Abstichloche zu erhalten (Fig. 10). Der Winkel zwischen

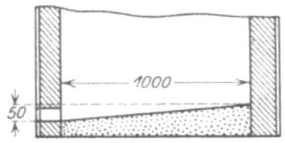

Fig. 10. Herdsohle.

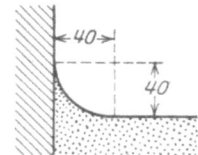

Fig. 11. Hohlkehle zwischen Herdsohle und Ofenmauer.

dem Boden und dem aufstrebenden Mauerwerk wird ringsum um höchstens 40÷50 mm (Fig. 11) gebrochen. Die Neigung des Bodens gegen das Abstichloch zu ist von großer Wichtigkeit, da sie sowohl die Temperatur des Eisens wie den guten Verlauf der ganzen Schmelzung beeinflußt. Bei zu wenig Anzug und ganz besonders bei schüsselförmiger Vertiefung des Bodens bleibt eine gewisse Eisenmenge ständig im Herde und wird matt. Jeder in dieses matte Bad sinkende Tropfen wird abgeschreckt und das Eisen fließt matt aus dem Ofen. Dieser Übelstand wird insbesondere bei langsam schmelzenden Öfen höchst unangenehm merkbar; durch ihn kann trotz reichlicher Kokssätze dauernd mattes Eisen verursacht werden. Bei zu großem Neigungswinkel des Bodens strömt das Eisen zu heftig aus dem Abstichloche und es wird die Sauberhaltung der Abstichöffnung und der Abstichrinne schwieriger; der Strom muß sorgfältiger überwacht werden, um Aufwaschungen der Abstichrinne und Überlaufen des Eisens über ihre Ränder zu verhüten; schließlich tritt leicht Schlacke mit dem Eisen aus, selbst wenn nur wenig Schlacke im Herde vorhanden ist. Die Berichtigung des Neigungswinkels beim nächsten Zustellen beseitigt in solchen Fällen ohne weiteres alle Schlackenschwierigkeiten.

Die Abstichöffnung wird bei neuzeitlichen Kupolöfen meistens in einer in Scharnieren aufklappbaren Verschlußtüre angebracht. Man läßt die Türe während des Anheizens offen und schließt sie erst unmittelbar vor dem Beginne des Setzens. Fig. 12 zeigt ein richtig ausgebildetes Abstichloch für einen kleineren Kupolofen ohne Vorherd, Fig. 13 das Abstichloch eines Vorherdkupolofens. Der Durchmesser des Abstichloches beträgt je nach der Schmelzleistung des Ofens 15 bis 30 mm.

Der höchsten Beanspruchung ist der Abstichstein eines Kupolofens unterworfen, dem das Eisen durch mehrere Stunden ununterbrochen entströmt. Für solche Fälle haben sich Abstiche mit eingesetzter Büchse (Fig. 14) gut bewährt. Die spulenförmige Büchse (Fig. 15) besteht aus Graphit oder allerbester Schamotte;

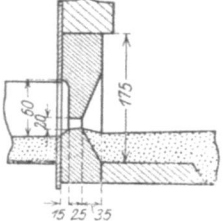
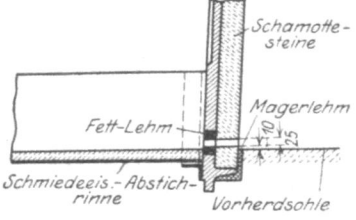
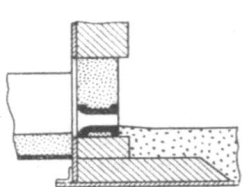

Fig. 12. Anordnung des Abstichloches bei Verwendung eines Einsatzsteines.

Fig. 13. Abstichöffnung bei einem Vorherde.

Fig. 14. Einsatzbüchse für dauernden Eisenablauf.

sie ist an beiden Enden durch Wülste verstärkt und an einem Ende trichterförmig erweitert, um dem Verschlußpfropfen guten Halt zu geben. Solche Abstichseinrichtung sichert vom Anfang bis zum Ende, selbst sehr großer Schmelzungen, die gleichmäßige Weite des Stichloches. Eine Büchse hält mehrere große Schmelzungen aus. Nach dem Erscheinen des ersten Eisens wird ein Kern aus magerem Sande in die Büchse geschoben, der dann beim Abstiche leicht zu beseitigen ist.

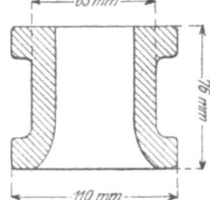

Fig. 15. Abmessungen einer Ablaufeinsatzbüchse.

Bei älteren Öfen ohne vordere Scharniertüre muß für jede Schmelzung eine kleine Schutzwand aufgeführt werden. Zunächst werden Boden und Seitenwände von Staub und Asche gründlich gereinigt und mit Lehmwasser befeuchtet, so daß die aufzuführende Wand guten und dichten Halt gewinnt. Im Hintergrunde der Öffnung, unmittelbar vor dem Feuer, führt man eine Zwischenwand aus kleinen Koksstücken auf, falls man es nicht vorzieht, ein leichtes Holzbrett einzuspannen, in dem unten eine Aussparung für das Abstichloch vorzusehen ist. Auf den Boden der Abstichrinne wird ein durch die Kokswand beziehentlich das Holzbrett reichender, kegelig verjüngter Stab zur Bildung des Stichloches gelegt und mit feuerfestem Ton oder einem Gemenge von Lehm und scharfem Ton festumstampft, worauf man das Material zur Aufführung der Verschlußwand — fetten Formsand oder Lehm — einführt und fest einstampft. Der Lehm wird in Ballen geformt und mit den Händen zurechtgedrückt und geknetet. Nach Fertigstellung der Verschluß-

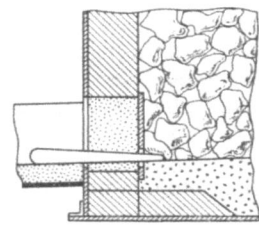
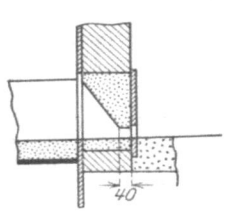

Fig. 16. Zustellen des Abstichloches ohne Einsatzstein.

Fig. 16a. Trichterförmige Erweiterung des Abstichloches.

wand, die in der gleichen Stärke wie das Ofenfutter ausgeführt wird, streicht man außen glatt ab (Fig. 16) und formt rings um den eingelegten Stab eine trichterförmige Erweiterung (Figur 16a), die so tief reicht, daß das Stichloch nicht länger als 40 mm wird. Für Betriebe mit ständig ablaufendem Eisen bedarf die Abschlußwand keines weiteren Schutzes; soll aber eine nennenswerte Menge flüssigen Eisens im Herde gesammelt werden, dann ist eine gut verkeilte äußere Blechwand nicht zu entbehren.

Diese Arbeiten entfallen bei Vorhandensein einer Verschlußtüre, in der ein oder zwei feuerfeste Steine gut eingespannt sind. In einem dieser Steine ist von innen eine trichterförmige Erweiterung vorgesehen, so daß sich ohne große Erweiterung von außen ein nicht allzulanges Stichloch ergibt (Fig. 12). Zum Austrocknen der Abstichöffnung genügt die Flamme des Anheizfeuers, man braucht nur ein kleines Eisenplättchen lose vorzusetzen, um die Wärme mehr zusammenzuhalten.

Die Abstichrinne wird am Ofenmantel, beziehentlich an der Ofentüre festgenietet oder in Zapfen aufgehängt (Fig. 17). Letztere Befestigungsart ermöglicht es, die frisch ausgeschmierte Rinne in der Kammer zu trocknen und gibt der Rinne die Möglichkeit nachzugeben, wenn sie etwa bei ungeschicktem Anheben einer Kranpfanne angestoßen wird. Bei langen Rinnen empfiehlt es sich, einen Blechdeckel nach Fig. 18 vorzusehen und die Rinne in zwei Teilen auszuführen, die durch Verschlußhaken sicher miteinander verbunden werden.

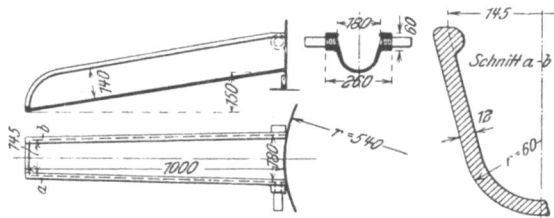

Fig. 17. Gußeiserne Abstichrinne.

Es genügt, etwa 400 mm vor dem Abstichloche die Rinne frei zu lassen, um das Abstechen und Schließen (Zustopfen) ungestört vom Deckel ausführen zu können. Die Abstichrinne kann mit Formsand, mit Lehm oder mit einem Gemenge aus beiden Stoffen ausgekleidet werden. Das beste Material ist eine Mischung von feuerfestem Ton und scharfem Quarzsand. So ausgestattete Rinnen vertragen 100 t durch sie fließendes hitziges Eisen ohne merkbaren Schaden zu erleiden, doch ist es wichtig, das richtige Mischungsverhältnis der verfügbaren Rohstoffe auszuproben, gründlichst zu mischen und auch später stets für innigste Mischung zu sorgen. Vor jeder Schmelzung soll die

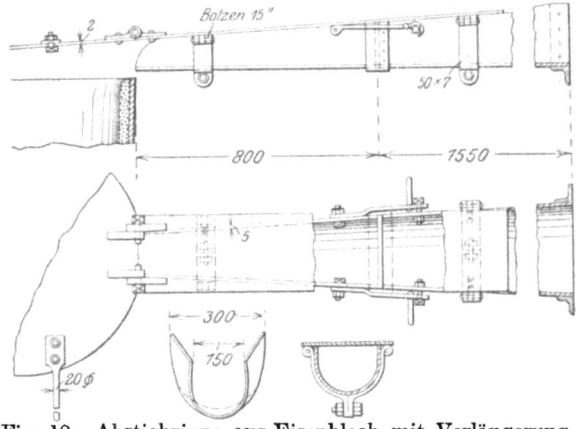

Fig. 18. Abstichrinne aus Eisenblech mit Verlängerung und Schutzdeckel.

Rinne neu ausgemauert werden. Eine gut behandelte Rinne verträgt allerdings in vielen Fällen wiederholte Benutzung, es ist solche Praxis aber dennoch nicht gut, da eine einmal eintretende Störung den Vorteil von etlichen wiederholten Benützungen mehr als aufwiegt. Zur Neuauskleidung wird die von allen anhaftenden alten Auskleidungsresten gründlich gereinigte Rinne gut mit Lehmwasser angefeuchtet und dann von Hand ausgefüttert. Etwa verwendeter Formsand wird etwas nasser angemacht als es zur Herstellung von Gießformen erforderlich wäre; Lehm bringt man in Ballen in die Rinne, drückt ihn erst mit der Hand und dann mit einem bis in das Abstichloch reichenden Stabe zurecht. Am Abstichloche wird eine Erweiterung von etwa 50 × 25 mm (Fig. 19) vorgesehen, damit das ankommende Eisen tadellos einläuft. Im übrigen muß gerade an dieser Stelle für genauesten Anschluß der Rinne an den Ofen vorgesorgt werden. Falls die Rinne mit Sand ausgefüttert wurde, ist es gut, unmittelbar unter und um den Abstich eine Lage von feuerfestem Ton und Quarzsand vorzusehen. Bei großen Öfen und langen Schmelzungen empfiehlt es sich, noch ein weiteres zu tun und ein Stück feuerfesten Stein unter das Abstichloch einzubetten.

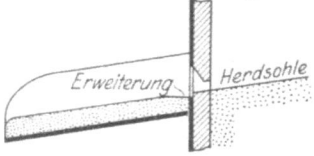

Fig. 19. Anpassen der Abstichrinne.

Für die gute Betriebsbewährung einer Rinne ist ihre Neigung (ihr Fall) von Bedeutung. Dieselbe soll sich möglichst dem Neigungswinkel der Herdsohle anpassen, keinesfalls geringer sein und andererseits 10% Gefälle nicht überschreiten. Große Sorgfalt ist einem durchaus gleichmäßigen Falle zu widmen, weswegen bei langen Rinnen für ausreichende Unterstützungen gesorgt werden muß. Wenn der Rinnenboden flach gehalten wird, so wechselt das ausfließende Eisen bei jedem Abstiche seinen Lauf, es entstehen Eisen- und Schlackenkrusten, der Boden wird uneben und das Eisen bildet auf ihm Tümpel. Ein glatter Ablauf ist nur mit steter Nachhilfe aufrecht zu halten, und das Eisen läuft am Ende der Rinne leicht in zwei oder mehreren Strahlen ab. Zur Hintanhaltung solcher Übelstände bildet man beim Auskleiden der Ablaufrinne ihren Boden zu einer verhältnismäßig schmalen Rinne aus. Die fertig ausgestrichene Rinne wird geschwärzt und in der Trockenkammer oder mit Holzkohlen gründlich getrocknet. Kochen des Eisens in der Rinne darf niemals vorkommen, ist es dennoch der Fall, so beweist das grobe Nachlässigkeit des Schmelzers. Zeigt eine Rinne bei jedem Abstiche Ausspülungen, so war das zum Auskleiden verwendete Material infolge zu geringen Tongehaltes ungeeignet. Tritt diese Erscheinung nur stellenweise auf, so beruht sie auf ungenügender Mischung der Auskleidungsmasse. Bildet sich im Verlaufe einer Schmelze Schlacke, ohne daß solche aus dem Ofen gekommen ist, so ist das Auskleidematerial zu wenig feuerfest und muß für die nächste Schmelzung besser zusammengesetzt werden. Man hüte sich, Schlacke durch das Abstichloch in die Rinne gelangen zu lassen. Die Rinne wird durch solche Schlacke wesentlich geschädigt, da nur ganz heiße Schlacken ohne Gefahr für die Auskleidung gehoben und abgeworfen werden können.

Das Schlackenabstichloch wird meist in einem feuerfesten Steine vorgesehen, den man zugleich mit den Normalsteinen aufmauert. Da die Schlacke wesentlich rascher als das flüssige Eisen erstarrt, soll ihre Abstichöffnung noch kürzer als die des Eisenabstiches sein, es ist gut, ihre Länge mit nicht mehr als 30 mm zu bemessen. Handelt es sich um einen Betrieb mit ständigem Eisenablauf, so läßt man auch die Schlacke ununterbrochen ablaufen. In diesem Falle wird das Verschlußstück, das zunächst kein Loch hat, aus Lehm oder Formsand gemacht, da man es erst durchstößt, wenn sich genügend Schlacke gesammelt hat.

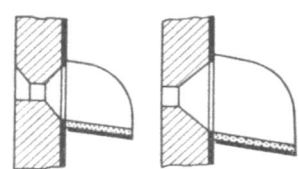

Fig. 20. Zweiseitige Erweiterung des Schlackenloches. Fig. 21. Einseitige Erweiterung des Schlackenloches.

Man verwendet zum Abstechen ein spitzes Eisen, stößt erst nur ein kleines Loch und erweitert es allmählich nach Bedarf, wobei es nichts schadet, wenn schließlich der ganze Pflock beseitigt wird. Solche Schlackenlöcher können innen mit dem Ofenfutter glatt abschließen. Beim Abstiche der Schlacke von Zeit zu Zeit bedarf das Schlackenstichloch größerer Sorgfalt. Bei sehr starker Ausmauerung muß die Öffnung nach außen und innen trichterförmig erweitert werden, wobei der innere Trichterdurchmesser bis zu 200 mm betragen kann (Fig. 20). Vielfach zieht man es aber vor, nur einen äußeren Konus vorzusehen und die Abstichöffnung innen glatt mit dem Mauerwerk abzuschließen (Fig. 21). Das letztere Verfahren ist infolge der einfacheren Instandhaltung der inneren Futterwand vorzuziehen. Der lichte Durchmesser des eigentlichen Abstichloches beträgt 25÷50 mm.

III. Das Anfeuern (Anheizen).

Gewöhnliches Anfeuern. Bei kleinen Kupolöfen werden Holzspäne von der Gichtöffnung aus eingeworfen und mit einer Stange möglichst gleichmäßig verteilt, worauf man unter weitgehendster Beachtung gleichmäßiger Verteilung klein gespaltenes Weichholz nachwirft. Bei größeren Öfen steigt der Schmelzer in den Schacht und läßt sich Späne und Holz durch den Helfer zureichen, um sie dann sorgfältig zu verteilen. Er hat dabei insbesondere auf gleichmäßige Spänelage am Umfange des Herdes zu achten, von ihr hängt die gleichmäßige Entwicklung des Feuers wesentlich ab. Darüber schichtet er das kleinst gespaltene Holz, worauf gröbere und schließlich die größten Holzstücke wiederum recht gleichmäßig verteilt werden. Allzu große Holzstücke werden besser vorher zerkleinert, denn sie tragen zum unebenen Niedersinken der brennenden Holzlagen am meisten bei. Nach Ordnung des Holzes verläßt der Schmelzer den Schacht und schüttet eine leichte Schicht Koks über das Holz, darauf achtend, daß keine größeren Hohlräume zwischen Holz und Koks entstehen. Über diese erste Koksschicht wird dann mit Ausnahme eines kleinen Restbestandes die ganze zum Anheizen bestimmte Koksmenge in den Schacht geworfen und ihre schließliche Oberfläche mit Hilfe eines eisernen Hakens gleichmäßig ausgeebnet. Der zurückbehaltene Koksrest dient zum Ausgleiche während des Niederbrennens des Holzes entstehender Unebenheiten. Nun wird die Gichttüre geschlossen, das Holz von der Abstichöffnung aus und, falls eine rückwärtige Öffnung am Boden des Herdes vorhanden ist, auch von dieser aus angezündet. Die Düsen bleiben offen und liefern mit die benötigte Verbrennungsluft. Sobald das Holz nahezu abgebrannt ist und der Koks an den unteren Öffnungen und den Düsen hell erglüht, wird die Vorderwand eingesetzt, beziehentlich werden die Vorder- und eine etwa vorhandene Rückentüre geschlossen. Zeigt dann ein Blick von der Gichttüre aus, daß kein Rauch mehr entwickelt und das Feuer bereits durch die oberste Koksschichte bemerkbar wird, so werden die letzten Koksreste aufgeschüttet und die Koksoberfläche möglichst genau ausgeebnet. Hier wird am häufigsten gefehlt und hier liegt recht oft die Ursache eines unbefriedigenden Schmelzverlaufes. Wenn ein kleiner Ofen ungleichmäßig anbrennt, so hat das weniger zu besagen, die anfänglich zurückgebliebene Seite kommt unter der Wirkung des Windes schon noch nach und die ungleiche Temperatur des erst erschmolzenen Eisen springt nicht so sehr in die Augen. Bei großen Öfen findet aber ein Ausgleich nicht so leicht statt, hier hat ungleichmäßiges Anbrennen stets eine unbefriedigende Schmelzung zur Folge.

Ölbrennerzündung. Das Anfeuern kann durch Benützung von Ölbrennern wesentlich und mit bestem Erfolge beschleunigt werden. Es kommt nur darauf an, den Füllkoks möglichst bis zur Weißglut zu erhitzen, nicht aber, wie vielfach angenommen wird, das Mauerwerk vorzuwärmen. Auch bei der denkbar raschesten Erhitzung des Kokses wird das Ofenfutter warm genug, um einer tadellosen Schmelzung nicht hinderlich zu sein. Im Gegenteil: rascheste Ingangbringung des Schmelzvorganges bei geringster Vorwärmung des Mauerwerkes ist von Vorteil, da sie das Mauerwerk vor vorzeitiger Erweichung und Verschlackung bewahrt. Bei Verwendung von Ölbrennern fallen die Späne und das Holz als Anzündematerial ganz oder doch zum größten Teile fort. Der Schmelzer bildet zwei vom Abstichloche aus schräg abzweigende Kanäle, indem er Koksstücke entsprechend zurechtlegt (Fig. 22), mit größeren Stücken abdeckt und darüber den restlichen Koks schüttet. Für größere Öfen wird ein Hauptkanal mit mehreren schrägen Abzweigungen ausgeführt (Fig. 23). In diesem Fall ist es besser, an Stelle des mühseligen Aufbaues der Kanäle aus Koksstücken dünne Holzbretter entsprechend zusammenzunageln, in den Ofen zu schieben und darüber den Koks zu schütten. Die Kanäle fallen gleichmäßiger aus, die dünnen Bretter verbrennen unter der Wirkung der Stichflammen sehr rasch und dienen zugleich als Anzündematerial. Nachdem der größte Teil des Füllkokses im Ofen aufgegeben wurde, legt man den Brenner einige Zentimeter vom Abstichloche entfernt (Fig. 22), um ein Abschmelzen der Brennermündung zu verhüten, in die Abstichrinne. Öl und Druckluft werden dem Brenner durch Gummischläuche zugeführt und der Zufluß durch Ventile am Brenner geregelt. Bei Verwendung von Kerosinöl, das weniger Luftdruck erfordert als die schwereren Roh- oder Brennöle, kommt man mit einem Luftdruck von 0,9 at gut zurecht. Die Flamme wird anfangs so reduziert, daß sie an der Spitze eine in Violett und Gelb übergehende Farbe annimmt; später verringert man sie noch mehr, so daß bei einem Blicke durch das Abstichloch zwar der hell erglühende Koks wahrzunehmen, die Flamme selbst aber

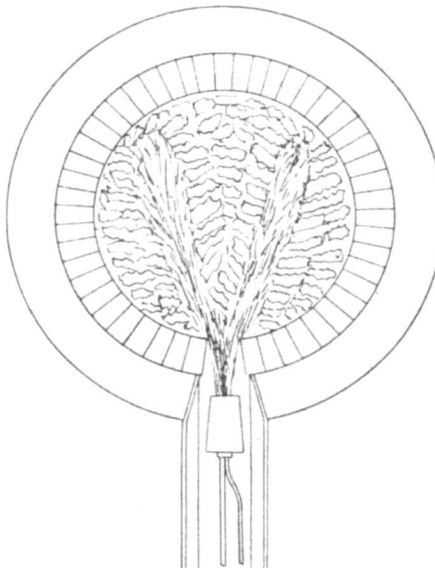

Fig. 22. Einfach gabelförmige Anheizkanäle bei kleineren Öfen.

Fig. 23. Mehrfach gegabelte Anheizkanäle bei größeren Öfen.

kaum zu bemerken ist. Der Koks wird dabei sehr rasch bis zur Weißglut erhitzt, worauf der Brenner abgestellt und fortgenommen wird. Das Verfahren währt je nach der Witterung 25 : 35 Minuten und erfordert bei sorgfältiger Überwachung etwa 5 l Kerosinöl. — Nach einer anderen Betriebsart wird der Koks mit Hilfe des Brenners in Brand gesetzt, und sobald er brennt, also noch vor Erreichung der Weißglut, die Ölzufuhr abgestellt und mit Preßluft allein weiter geblasen, bis der gesamte Füllkoks in guten Brand geraten ist. Bei diesem Verfahren läßt sich der Ölverbrauch auf 2 l herabbringen.

Ein kleiner Übelstand der Ölbrennerzündung liegt in der, insbesondere während der ersten 10 Minuten, unvermeidlichen Rauchentwicklung. Dieselbe läßt sich durch sorgfältige Behandlung des Brenners, besonders durch Verminderung der Flamme bis zur Blaufärbung, wobei der Brenner seine Höchstleistung erreicht, auf ein sehr geringes Maß beschränken. Hat der Kupolofen eine ausreichend hohe gut ziehende Esse, so ist in der Gießerei selbst überhaupt kaum irgend eine Rauchbelästigung wahrzunehmen.

Die Wirtschaftlichkeit der Ölzündung hängt in jedem Falle von den Kosten der Druckluft und des Öles im Vergleiche zum Aufwand für Späne und Holz beim alten Anfeuerungsverfahren ab. Zum Anheizen eines Ofens von 800 bis 1000 mm $\varnothing$ ist etwa $^1/_2$ Raummeter Holz erforderlich. Ein Teil des Holzes kann durch Braunkohlenbriketts ersetzt werden, doch ist die Ersparnis nicht groß und die Entzündung des Kokses dauert länger.

IV. Der Füllkoks.

Der Füllkoks soll im allgemeinen vor dem Beginn des Setzens 600 mm über Düsenoberkante reichen. Diese Regel gibt aber nur einen ganz beiläufigen Anhalt, da eine Reihe von Umständen sowohl niedrigere wie höhere Füllkoksschichten bedingen können. Bei bestem harten Koks kann schon eine nur 500 mm über Düsenoberkante reichende Füllkoksmenge genügen, während minderwertiger, weicher Koks eine Höhe bis zu 750 mm notwendig macht. Die genaue Lage der Schmelzzone hängt von Art und Anordnung der Düsen und von den Windverhältnissen — Druck und Menge — ab und muß für jeden Ofen durch Versuche ermittelt werden. Zur Bestimmung ihrer genauen Höhenlage füllt man den Ofen erstmals bis zu 600 oder 700 mm über Düsenoberkante mit Koks — 600 mm, wenn bester Koks und 700 mm, wenn geringerer Koks zur Verfügung steht, — setzt darüber normale Koks- und Eisensätze [1]), stellt den Wind an und beobachtet den Verlauf des Schmelzens. Dauert es zu lange bis nach dem Anstellen des Windes das erste Eisen zu schmelzen beginnt — bei richtig durchwärmter Schmelzsäule soll nach 3 bis spätestens 6 Minuten das erste flüssige Eisen erscheinen —, oder schmilzt das Eisen am Anfange sehr langsam später aber rascher, und wird es zugleich ausreichend heiß, so ist die Füllkoksschicht zu hoch, da das Eisen bereits in der obersten Lage der Schmelzzone verflüssigt wurde. Dabei wird Zeit und Koks vergeudet. Kommt das Eisen anfangs zwar rasch zum Schmelzen und bleibt es zugleich verhältnismäßig matt, oder fließt es langsam und zugleich matt, so erfolgt die Schmelzung erst an der unteren Grenze der dem Ofen eigentümlichen Schmelzzone. Im ersteren Falle wird man für die nächste Schmelzung die Füllkoksschicht erniedrigen, im zweiten Falle erhöhen. Reicht der Füllkoks bis ungefähr in die Mitte der Schmelzzone, so schmilzt das Eisen zwar zunächst rasch und heiß, der Ofen erreicht aber der Menge nach nicht seine volle Leistungsfähigkeit und das Eisen wird später allmählich matter. Bei den Versuchen empfiehlt es sich nur mit kleinen Schritten voranzugehen und die Menge des Füllkokses jeweils nur um 25 bis höchstens 50 kg zu verändern. Auf diese Weise wird man rascher zum Ziele kommen als bei schrofferen Veränderungen. Grundbedingung für gute Versuchsergebnisse ist selbstredend sorgfältigstes Anheizen und gewissenhafteste ebene Ausrichtung der Oberfläche des Füllkoksbettes. Weiter ist die richtige Bemessung und Handhabung der folgenden Eisen- und Kokssätze im Auge zu behalten; das Eisen wird beispielsweise auch dann bald matter, wenn die Sätze im Verhältnis zum Füllkoks zu groß bemessen wurden.

Ein neu ausgemauerter Kupolofen ist meist enger als er es bei den letzt vorangegangenen Schmelzungen war, es muß darum zur Einhaltung der richtigen Füllbetthöhe die Menge des Füllkokses gegen früher verringert werden. Das wird oft übersehen, man arbeitet mit zu hoher Füllkoksschicht und mit zu großen Sätzen, hat weniger befriedigende Schmelzergebnisse, klagt über die Nachteile eines neu ausgemauerten Ofens und bildet sich in den meisten Fällen ein, es habe an richtiger Vorwärmung des neuen Mauerwerkes gefehlt. Das nächstemal

---

[1]) Siehe S. 16 u. 17.

setzt man wohl noch mehr Füllkoks, um den Ofen ja recht gut „vorzuwärmen" und müht sich so einige Zeit durch, bis der Ofen im Verhältnis zur gesetzten Füllkoksmenge wieder ausreichend weit ausgeschmolzen ist. Auf diese Weise ist das Märchen von der Mangelhaftigkeit neu zugestellter Öfen entstanden.

Die richtige Füllkoksmenge hängt vor allem von der Höhenlage der Düsen über der Herdsohle ab. Diesbezüglich wird in sehr vielen Fällen durch zu hohe Anordnung der Düsen gefehlt und tagaus, tagein viel Koks nutzlos verbrannt. Die Düsen sollen stets so tief wie möglich angeordnet werden. Es ist insbesondere verfehlt, sie höher anzuordnen, als dem regelmäßigen Betriebsbedarfe entspricht, weil gelegentlich einmal dem Ofen eine größere Eisenmenge auf einmal zu entnehmen sein könnte. Es ist vorteilhafter, in solchen Ausnahmefällen das erforderliche Eisen in einer Pfanne zu sammeln und dort mit Holzkohlen und guter Abdeckung warm zu halten, als tagtäglich infolge zu hoher Füllkoksschicht zwecklos Koks zu verbrennen. Man tut darum gut, wo immer es angeht, zu hoch liegende Düsen niedriger zu legen; die entstehenden Unkosten kommen durch Kokserparnisse sehr rasch herein.

Zahlentafel 2. Durchschnittswerte der Düsenhöhen, der Satzgröße, der Schmelzleistung, und des Koksaufwandes nach amerikanischen Angaben.

Lichter Durchmesser	Düsenunterkante über Herdsohle	Füllkokshöhe	Füllkoks	Schmelzkoks	Eisensatz	Stündliche Schmelzung
mm	mm	mm	kg	kg	kg	kg
610	152	990	127	27	272	1 961
762	203	1067	222	45	453	3 188
914	254	1118	325	63	635	4 617
1067	305	1168	463	86	862	6 283
1219	356	1270	675	113	1157	8 207
1372	406	1321	876	145	1451	10 387
1524	457	1372	1115	177	1769	12 824
1829	508	1422	1637	254	2540	18 469

Die Zahlentafel 2 gibt die Werte bewährter Düsenhöhen, Füllkokshöhen und Füllkoksmengen (bei Verwendung guter, harter Koksarten) für verschiedene Durchmesser und durchschnittliche Betriebsbeanspruchungen wieder, die von anerkannten Fachleuten empfohlen werden.

Im laufenden Betriebe soll die Höhe der Füllkoksschicht vor Beginn des Setzens mittels einer von der Gicht aus in den Schacht eingeführten Lehre nachgemessen werden. Ist zu viel Koks abgebrannt, so gichtet man eine entsprechende Menge nach, schließt zur Hintanhaltung weiteren Abbrandes alle Düsen, setzt so rasch wie möglich und hält dann den Ofen bis zum Anlaufen des Windes möglichst luftdicht abgeschlossen.

V. Das Setzen (Gichten).

Satzgröße. Die Zahlentafel 2 gibt auch durchschnittliche Werte der Satzgrößen für Kupolöfen von verschiedenem Durchmesser auf Grund amerikanischer Erfahrungen, während die Zahlentafel 3 ähnliche Werte aus der deutschen Praxis ausweist. In beiden Fällen handelt es sich nur um Durchschnittswerte, da die genaue Satzgröße sowohl von der Höhe (Breite) der jedem Ofen eigentümlichen Schmelzzone, wie von der Güte des zur Verfügung stehenden Kokses und nicht zum wenigsten vom gewünschten Überhitzungsgrade des erschmolzenen Eisens abhängt. Allgemein gültige genaue Werte können darum nicht gegeben werden, die genauen Größen müssen vielmehr wiederum erst durch Versuche ermittelt werden.

Zahlentafel 3. Durchschnittswerte der Koks- und Eisensätze.

Lichter Schachtdurchmesser	Schachtquerschnitt	Koksschicht 15 mm hoch	Abgerundetes Gewicht der Eisenschicht in kg bei einem Satzkoksaufwand von			
mm	m²	kg	8%	9%	10%	12%
500	0,1964	15	187	166	150	125
600	0,2827	21	262	233	210	175
700	0,3848	29	362	322	290	241
800	0,4026	38	475	422	480	316
900	0,6362	48	600	533	480	400
1000	0,7854	59	737	655	590	491
1100	0,9504	72	900	800	720	600
1200	0,1310	85	1062	944	850	708

Oberhalb der Düsen wird glühender Koks von der Gebläseluft getroffen, der Kohlenstoff des Kokses verbrennt zu Kohlensäure ($C + 2O = CO_2$), die Temperatur steigt rasch an und erreicht ihren Höchstwert in jener Zone, wo nach vollkommenem Verbrauch des zugeführten Luftsauerstoffes die größte Menge Kohlensäure vorhanden ist. Oberhalb dieser Zone findet unter dem Einflusse des dort vorhandenen Kokses eine Reduktion der Kohlensäure zu Kohlenoxyd statt ($CO_2 + C = 2CO$), wodurch Wärme gebunden und die Temperatur im betreffenden Teil des Ofens herabgesetzt wird. Die Zone des höchsten Kohlensäuregehaltes liegt etwa 150÷200 mm oberhalb der Düsenoberkante, der Raum zwischen der Düsenoberkante und der Zone des höchsten Kohlensäuregehaltes wird als Schmelzzone bezeichnet. Seine Höhe hängt von der Windgeschwindigkeit und der Beschaffenheit des Kokses ab, und die Windgeschwindigkeit wiederum von der Windmenge und dem Ofenquerschnitte. Unter der Voraussetzung, daß die Anordnung der Düsen eine gleichmäßige Verteilung des Windes über den ganzen Ofenquerschnitt gewährleistet, hängt demnach die Höhe der Schmelzzone von der Windmenge, dem Ofenquerschnitte und der Beschaffenheit des Kokses ab.

Eine zweite Düsenreihe erhöht, vorausgesetzt, daß der Abstand beider Düsenreihen 400 mm nicht übersteigt, die Schmelzzone um das Maß dieses Höhenunterschiedes. Sie bewirkt, falls auch eine entsprechend größere Menge Wind zugeführt und nicht etwa nur die vorhandene Windmenge auf zwei Düsenreihen verteilt wird, die Verbrennung einer größeren Koksmenge in der Zeiteinheit und befördert so die Schmelzgeschwindigkeit. Kokserparnisse lassen sich durch eine zweite Düsenreihe nicht erzielen, vielleicht aber etwas heißer schmelzendes Eisen. Dagegen schmilzt bei zwei Düsenreihen das Ofenfutter in der Schmelzzone ungleich rascher ab, und es wird zur reinen Rechnungssache, ob die durch rascheres Schmelzen erzielten Lohnersparnisse die Kosten umfangreicher Ausbesserungen und vorzeitiger Neuausmauerung aufwiegen. Nur wenn ein Betrieb auf die Verarbeitung besonders minderwertigen Kokses, der schon an sich die Schmelzzone beträchtlich erhöht (verbreitert), angewiesen ist, dürfte eine zweite, 200÷300 mm über der unteren Düsenreihe angebrachte Düsenreihe mit einem Gesamtquerschnitte von nicht mehr als dem halben Querschnitte der unteren Düsenreihe durch Verbrennung dort vorhandenen Kohlenoxydes zu Kohlensäure von Vorteil sein.

Es ist wichtig, das Eisen möglichst nahe an die obere Grenze der Schmelzzone noch ungeschmolzen heranzubringen. An dieser Grenzfläche schmilzt es am schnellsten, hier wird es am höchsten erhitzt und kann dann am dünnflüssigsten abfließen. Schmilzt es bereits oberhalb dieser Zone, also bei niedrigerer Temperatur, so wird es zwar durch die Zone der höchsten Temperatur hindurchfließen, das geschieht aber so rasch, daß eine nennenswerte Temperatursteigerung nicht mehr stattfinden kann. Mit Annäherung an die Schmelzzone wird die in der Zeiteinheit geschmolzene Eisenmenge größer, die Schlackenbildung günstiger und die Schwefelaufnahme aus dem Schmelzkokse geringer.

Der erste Eisensatz kommt bei richtiger Bemessung der Höhe der Füllkoksschicht und des Zeitpunktes des Schmelzbeginnes ohne weiteres zur rechten Zeit in den Bereich der Schmelzzone. Damit das auch bei den folgenden Sätzen der Fall sei, muß die Schmelzkoksmenge so bemessen werden, daß sie möglichst genau den Raum der Schmelzzone ausfüllt. Die Eisensatzgröße hängt demnach in erster Linie vom Schmelzkokssatze ab, und es ist verfehlt, den ersten Eisensatz mit Rücksicht auf den in heller Glut befindlichen Füllkoks größer als die folgenden Sätze zu machen. Von dieser Praxis ist man auch in Amerika fast allgemein abgekommen. Der Füllkoks hat nur die Aufgabe, den Ofenschacht vorzuwärmen, darüber hinaus hat er keinen Einfluß auf den Schmelzverlauf.

Man ist vielfach geneigt bei spezifisch leichterem Kokse das Satzgewicht zu erhöhen. Genau das Gegenteil ist richtig. Leichterer Koks nimmt ein größeres Volumen ein, beansprucht daher bei gleicher Gewichtsmenge in der Schmelzzone einen höheren Raum als schwerer Koks. Zur Aufrechterhaltung bester Schmelzwirkung muß darum bei leichterem Kokse das Satzgewicht verringert und bei schwererem erhöht werden.

Zur Ermittlung des in jedem Falle bestgeeigneten Schmelzkokssatzes setzt man je nach der Güte des zur Verfügung stehenden Kokses und nach der Leistungsfähigkeit des Gebläses zunächst die auf Grund der Zahlentafeln 2 oder 3 dem Ofendurchmesser entsprechende Koksmenge, z. B. bei einem Ofen von 800 mm Durchmesser und vorzüglichem Kokse sowie genügendem Wind die einer Verbrennungszonenhöhe von 150 mm und einem Schmelzkoksverbrauche von 8% entsprechende Koksmenge von $\frac{475 \times 8}{100} = 38$ kg, bemißt danach den Eisensatz mit 475 kg und beobachtet dann den Schmelzverlauf unter Bedachtnahme auf folgende Erwägungen.

Bei zu großen Eisensätzen erscheint das vor den Düsen niederrieselnde flüssige Eisen beim Schmelzbeginne eines Satzes hitzig und leicht beweglich, wird aber am Schlusse des Schmelzens eines jeden Satzes matter, was sich bei dem folgenden Satze verschlimmert, bis schließlich überhaupt nur noch mattes Eisen erfolgt. Ist dagegen der Eisensatz zu klein, so schmilzt das Eisen zwar hitzig, am Ende eines jeden Satzes tritt aber eine Verlangsamung, bei zu weit gehender Kleinheit des Satzes sogar eine Unterbrechung, des Schmelzens ein, und der Ofen bleibt weit hinter seiner Leistungsfähigkeit zurück. Bei zu großem Kokssatze schmilzt das Eisen langsam und ungleichmäßig und bei lang währenden, großen Schmelzungen kommt es schließlich matt und mit beträchtlicher Neigung, vorzeitig zu erstarren, aus dem Ofen. Bei zu geringem Kokssatze ist das Eisen von Anbeginn bis zum Schlusse matt und der Schmelzverlauf sehr langsam. Sind sowohl der Eisen- wie der Kokssatz zu klein, so kommt das Eisen wohl verhältnismäßig warm zum Schmelzen, der Ofen erreicht aber nur einen Teil seiner vollen Leistungsfähigkeit.

Erst wenn die an den Düsen wahrzunehmenden Vorgänge durchaus gleichmäßig verlaufen, die Eisentropfen in ununterbrochener Folge und gleichmäßiger Dichte erscheinen und zugleich das ständig abfließende oder doch in kleinen Abstichen dem Ofen entnommene Eisen genügend warm ist, sind die Sätze richtig bemessen. Treten aber Pausen ein, in denen fast kein Eisen niedertropft und nur Koks niedergleitet oder erscheinen gar ungeschmolzene Eisenstücke, so wird man entsprechende Folgerungen für die Satzgröße ziehen und sich danach einrichten.

Man hüte sich davor, ohne weiteres den Prozentsatz des Kokses zu erhöhen und tue dies erst, wenn alle anderen Maßregeln vergebens waren. Jeder neue Kupolofen, ja jede neue Kokssorte erfordert einige Versuche zur Feststellung des besten Wirkungsgrades. Im allgemeinen ist daran festzuhalten, daß ein Ofen nicht richtig betrieben wird, so lange er nicht je Stunde und Quadratzentimeter Querschnitt in der Düsenzone eine Schmelzleistung von 0,7 kg erreicht hat. Bei Feststellung der richtigen Satzgröße treffe man die sich auf Grund der Beobachtungen ergebenden Änderungen erst beim nächsten Schmelzen, Änderungen innerhalb ein und derselben Schmelzung führen nur zu Trugschlüssen und Irrungen. Nur auf diese Weise und durch langsames vorsichtiges Vorgehen gelangt man rasch und sicher zum Ziele.

Die Hitzigkeit des geschmolzenen Eisen hängt unter der Voraussetzung richtiger Sätze, ausreichenden Windes, richtiger Abmessungen des Ofens und tadellosen Ofenbetriebes von der Güte und der Menge des Satzkokses ab. Wenn bester Koks zur Verfügung steht, läßt sich schon mit 8% Satzkoks gut hitziges, mit 10% sehr heißes Eisen erzielen. Ist man gezwungen mit minderwertigem Koks zu arbeiten, so wird man trotz allem Mühen selbst mit 12÷15% Satzkoks ein nur mäßig warmes Eisen erzielen und mit darüber hinaus wachsenden Kokssätzen nur stetig matter werdendes Eisen erreichen.

Guter Gießereikoks muß großstückig und fest sein, eine verhältnismäßig glatte Oberfläche und möglichst geringen Aschen- und Schwefelgehalt haben. — Der Füllkoks soll jedenfalls möglichst trocken sein, dagegen schadet dem Schmelzkokse eine gewisse Feuchtigkeit nicht, da deren Verdampfung einen Teil der Wärme der Abgase bindet, so daß der Koks vor Eintritt in die Schmelzzone weniger abbrennt. Die Meinungen über die Zulässigkeit oder gar Nützlichkeit eines nennenswerten Wassergehaltes des Schmelzkokses gehen noch auseinander. — Der Satzkoks soll in verhältnismäßig großen Stücken zur Aufgabe gelangen, am bestgeeignetsten erweist sich eine Stückgröße von zwei bis vier Fäusten.

Bei den gegenwärtigen Kokspreisen spielen schon einige Prozent Koksersparnisse für die Wirtschaftlichkeit des Kupolofenbetriebes eine wichtige Rolle. Trotzdem darf man nicht allzu ängstlich auf Koksersparnisse bedacht sein. Tadelloser Schmelzverlauf muß stets das wichtigste Ziel sein, er zeitigt gutes Eisen, und dieses gibt gute Ware. Wenn ein Kupolofen zum raschesten Schmelzen gebracht wurde und zugleich das Eisen so hitzig aus dem Ofen kommt, als für den Guß erforderlich ist, so ist zuverlässig alles geschehen, um den auf Grund der bestehenden Umstände geringstmöglichen Koksverbrauch zu erzielen.

Das Aufgeben (Gichten) der Sätze. Nach dem Ausebnen des Füllkokses wirft man unter Beobachtung möglichst gleichmäßiger Verteilung den leichtesten Bruch in den Ofen, um das Einsinken schwerer Stücke in die Füllkoksbettung zu verhüten. Darüber kommen die gewichtigeren Stücke des Satzes und zum

Schlusse das Roheisen. Das Roheisen soll möglichst flach und enge aneinander gelegt in den Ofen gebracht werden, um den heißen Gasen den Durchtritt zu erschweren. Aus diesem Grunde ist es auch gut, allerkleinstes Abfalleisen aufzuheben und es dann in die Zwischenräume zu werfen, die zwischen den größeren Eisenstücken sich ergeben haben.

Das Roheisen soll stets möglichst klein gebrochen werden, was am besten mit Hilfe eines Masselbrechers geschieht. Selbst auf Werken, die über einen solchen verfügen, kommt es vor, daß das Eisen nicht klein genug gebrochen wird, weil die Hofarbeiter rascher fertig werden wollen, das Eisen in größeren Stücken bequemer zu verladen ist, und dann — das ist vielleicht die häufigste Ursache — weil alle Beteiligten von der Notwendigkeit weitestgehender Zerkleinerung nicht überzeugt sind. — Ein ausgezeichnetes Füllmaterial liefert auch das aus den Scheuertrommeln ausgesiebte sandfreie Kleineisen. Über den möglichst gut ausgeebneten Eisensatz bringt man den Koks, der am besten in zwei bis vier Faust großen Stücken verwendet wird. Die Ausebnung des Kokssatzes ist noch leichter zu bewirken und mit weniger Mühe vollkommener durchzuführen als diejenige des Eisens. Mit dem Setzen wird erst begonnen, wenn das Anheizfeuer völlig rauchfrei geworden ist. Es ist darum keineswegs allzu schwierig beim ersten Füllen des Ofenschachtes dem genauen Setzen weitgehende Sorgfalt zu widmen. Nach dem Beginne des Schmelzens muß nur darauf geachtet werden, den Spiegel der Schmelzsäule niemals nennenswert unter die Gichtöffnung sinken zu lassen; dann wird man auch in diesem Abschnitte genau setzen können. Hat man aber die Schmelzsäule zu niedrig werden lassen und muß nun in größter Hast das Material in den Schacht befördern, dann kann freilich von einem genauen Setzen nicht mehr die Rede sein und die üblen Folgen werden sich am Abstiche sehr bald bemerkbar machen.

Die Sätze sollen nicht erst während des Schmelzens zusammengestellt werden; man sorge dafür, beim Beginne des Setzens bereits sämtliche Eisen- und Koksgichten genau ausgewogen in nächster Nähe der Gichtöffnung bereit zu haben. Selbstredend müssen die einzelnen Eisensätze voneinander so getrennt sein, daß ein Durcheinander unmöglich wird. Alles Eisen soll gewogen werden; die Masseln nur zu zählen, wie es vielfach üblich ist, führt unbedingt zu Ungenauigkeiten und verleitet die Aufgeber auch anderes Eisen „nach dem Gefühle" den Sätzen beizugeben. Auch der Koks soll gewogen werden und in geflochtenen Strohschüsseln oder in Körben aus grobmaschigem Drahtgeflecht bereit stehen. Einzig bei den Kalkzuschlägen mag es angehen, sie ungewogen in Mengen von 1, 2 oder 3 Schaufeln voll dem Ofen aufzugeben. Doch auch hier ist das Auswiegen und die Bereithaltung in kleinen Holzseilkörben oder Holzkistchen vorzuziehen. Bei derartiger Vorbereitung der Sätze kann der für den Schmelzbetrieb verantwortliche Angestellte vor jeder Schmelzung ein oder zwei Sätze als Stichprobe nachwägen lassen und sich so von der Zuverlässigkeit seiner Leute und ihrem Genauigkeitsgrade andauernd auf dem Laufenden halten.

Schon beim Setzen soll nach möglichst gleichmäßiger Mischung der verschiedenen Bestandteile des Eisensatzes getrachtet werden. Es ist nicht richtig, bei Verwendung verschiedener Roheisensorten jede Sorte auf einen Haufen in den Ofen zu werfen, man verteile sie vielmehr gleichmäßig über den ganzen Schachtquerschnitt. Die Masseln lege man nicht parallel zum Mauerrande, sondern mit der Stirnseite dagegen, da sie andernfalls durch das Mauerwerk etwas vor der Hitze geschützt werden und langsamer schmelzen. Je kleiner die Brucheisenstücke sind, um so kleiner muß zwecks gleichmäßigen Schmelzens auch das

Roheisen gebrochen werden; Bruchflächen schmelzen rascher als die durch Sand geschützten sonstigen Oberflächen.

Das Nachfüllen über die Hälfte leer gebrannter Öfen ist fast immer eine nutzlose Materialvergeudung. Infolge der starken Hitzewirkung an der Gichtöffnung kann von regelrechtem Gichten keine Rede sein. Roheisenstücke bringt man meist überhaupt nicht mehr zur guten Verflüssigung, einzig kleinstückiges mit einer Gabel oder Schaufel aufgegebenes Brucheisen vermag einigen Erfolg zu bringen — je nachdem der Schachtinhalt mehr oder weniger weit abgebrannt ist. Auch das Nachfüllen einiger Kokssätze verspricht nur in selten glücklichen Ausnahmefällen gute Ergebnisse. Da keine ebene Unterlage vorhanden ist, gelangt der Koks nur in unregelmäßiger Schichtung in den Ofen, so daß alle bereits bei Besprechung des Anheizens als Folge unregelmäßigen Anbrennens eintretenden Übelstände in erhöhtem Maße zu gewärtigen sind.

Setzen großer Eisenstücke. Ein Eisenstück, das nicht mehr wiegt als ein regelrechter Eisensatz, kann ruhig in der gleichen Weise wie ein gewöhnlicher Eisensatz aufgegeben werden. Man setzt es am besten nach dem ersten oder zweiten Eisensatz in den Ofen, damit es möglichst gut vorbereitet in die Schmelzzone gelange. Es unmittelbar auf den Füllkoks zu setzen ist nicht gut, da es dann leicht zu wenig vorgewärmt in die Schmelzzone gelangt. Es erst nach einer größeren Zahl von Sätzen in den Ofen zu bringen, ist nicht empfehlenswert, da es dann Gefahr läuft, während des Niederganges seitlich an die Ofenwand zu gleiten und dann nicht mehr ringsum gleichmäßig der Schmelzwirkung unterworfen zu sein.

Noch größere Stücke, bis zum zwei- oder dreifachen Gewichte eines Eisensatzes, werden am besten für sich allein geschmolzen, da sie in Verbindung mit einer normalen Schmelzung die Temperatur des Eisens stark herabmindern würden. Man füllt den Herd wie gewöhnlich mit Anheizmaterial und Füllkoks, gibt darüber hinaus noch eine etwa 200 mm hohe Sonderschicht besten Kokses auf, ebnet sie sorgfältig aus, setzt das zu schmelzende Stück darauf und packt es ringsum gut in Koks ein. Bleibt zwischen dem Eisenstücke und dem Ofenmauerwerk ringsum ein mindestens 200 mm breiter Raum zur Ausfüllung mit Koks, so kann zuversichtlich mit einer erfolgreichen Schmelzung gerechnet werden. Ist das nicht der Fall, so wird das Eisen zwar zunächst einigermaßen normal schmelzen, die Schmelzung verlangsamt sich aber rasch und das abtropfende Eisen wird allmählich dickflüssiger. Sobald das festzustellen ist, stellt man den Wind ab, sticht das im Herde angesammelte Eisen ab und öffnet die Bodenklappe, damit der noch ungeschmolzene Rest ausfalle, ehe er eine schwierig zu entfernende sogenannte Ofensau bilden konnte. Das Verfahren wird wiederholt und verspricht dann um so sichereren Erfolg, als ja nunmehr das Stück bereits wesentlich verkleinert in den Ofen kommt.

Mechanische Begichtungseinrichtungen. Weder das Eisen noch der Koks sollen aus Kippgefäßen oder über eine schräge Rutsche in den Ofen gebracht werden. In beiden Fällen wird eine gleichmäßige Verteilung der Schmelzstoffe, ebenso wie die Ausebnung der Eisen- und Koksschichten vereitelt. Aus diesem Grunde vermag auch die beste mechanische Begichtungseinrichtung nicht die gleich guten Schmelzergebnisse zu sichern wie eine sorgfältige Begichtung von Hand. Am ungünstigsten wirken Einrichtungen mit einseitig seitlicher Zuführung der Schmelzstoffe, da diese eine dauernde Schräglage der einzelnen Schichten im Ofen zur Folge haben. Zentral wirkende Begichtungseinrichtungen sind, insbesondere für große Öfen von 1500 mm Durchmesser aufwärts, weniger gefährlich, aber auch sie können nicht die bestwirkende gleichmäßige Materialverteilung bewirken. Solche Einrichtungen sollten darum ausschließlich in Fällen in Frage kommen, wo mit nur einer Eisensorte gearbeitet wird und es auf Erreichung vollkommenster Schmelzwirkungen weniger ankommt, wie das z. B. bei Stahlwerkskupolöfen der Fall ist.

Schlechtes Schmelzen ist viel öfter als gemeinhin angenommen wird, die Folge schlechten Setzens. Der Schmelzer wird freilich niemals vergessen die Bodenklappen zu schließen und den Ofen anzuzünden, aber an der Gewissenhaftigkeit im Kleinen fehlt es schier allerwärts nur zu oft. Fällt dann trotz Verwendung gleicher Rohstoffe eine Schmelzung nicht wie die andere aus, dann hatte der Ofen seine Tücken, oder es wird die Richtung des herrschenden Windes, die allgemeine Wetterlage oder ein sonstiger unbeeinflußbarer Umstand als schuldtragender Teil bezichtet. Wind und Wetter sind freilich nicht ganz ohne Einfluß auf den Schmelzverlauf im Kupolofen, diese Einflüsse sind aber selbst in den alleräußersten Fällen nur von geringem Belange.

VI. Die Zuschläge.

Art der Zuschläge. Die Koksasche und der am Roheisen sowie heute noch zumeist auch an den Eingüssen und Trichtern haftende Sand müssen verschlackt werden. Dazu hat sich Kalk in den verschiedensten Formen bestens bewährt, wogegen der an und für sich ausgezeichnet wirkende Flußspat infolge seiner Gefährlichkeit für das Mauerwerk kaum mehr in Frage kommt.

Die Menge des Kalkzuschlages hängt vom Aschengehalte des Kokses, von der Beschaffenheit des Schmelzeisens — in Sand oder in Schalen gegossenes Roheisen, gescheuerte oder ungescheuerte Eingüsse — und von der Art des verwendeten Kalkes ab. Reinster Kalkstein, d. h. Kalkstein mit dem höchsten Gehalte von CaO (Calciumoxyd) hat die beste Wirkung. Er schmilzt unmittelbar nach dem Eintritt in die Schmelzzone. Quarz- und tonhaltiger Kalk schmilzt schwerer, er kommt zum Teil erst im Eisenbade des Herdes zur vollkommenen Schmelzung und bewirkt eine zähere Schlacke. Manche Marmorarten bilden infolge ihrer großen Reinheit ausgezeichnete Zuschlagsmittel. Austernschalen und andere an Seeplätzen leicht in großen Mengen zu beschaffende Muschelschalen bewähren sich am allerbesten. Sie zerbersten zwar unter lebhaftem Knallen und Prasseln, der Auswurf ist aber viel bangloser, als auf Grund dieser Erscheinungen angenommen werden sollte.

Menge der Zuschläge. Geringe Kalkzuschläge — bis zu 10% des Koksgewichtes — haben eher schädliche als gute Wirkung. Sie machen zwar die erstarrte Schlacke etwas spröder und leichter zerbrechlich, belassen sie aber im flüssigen Zustande zähe, so daß sie am Mauerwerke kleben bleibt und das Hängenbleiben der Schmelzsäule befördert.

Kalkzuschläge kommen erst in Mengen von $25 \div 50\%$ vom Koksgewichte, beziehentlich $2{,}5 \div 5\%$ vom Eisengewichte zur vollen Wirkung. Dann erzeugen sie eine gut fließende Schlacke. Die niedrigere Ziffer gilt bei Verwendung von aschenarmem, unter 8% Asche enthaltendem Koks und von gescheuerten Eingüssen. Wird zugleich in Schalen gegossenes Roheisen verwendet, so kann die Kalkmenge noch weiter verringert werden. Der obere Grenzwert gilt für aschenreicheren Koks und für ungescheuerte Eingüsse. Beim Arbeiten mit $30 \div 50\%$ Kalk ergeben sich auch die geringsten durch Verschlackung entstehenden Eisenverluste. Die dabei anfallende Schlacke enthält im allgemeinen nicht mehr als $5 \div 6\%$ Eisenoxydul. Über 50% hinausgehende Kalkzuschläge sind schädlich. Sie greifen das Mauerwerk an, verschlacken es zum Teil und bewirken so große Schlackenmengen, daß ihre Entfernung recht lästig wird.

Form der Zuschläge. Man setzt den Kalk in Stücken von Pflaumen- bis höchstens Faustgröße. Es ist ziemlich gleichgültig, ob er auf den Koks oder auf das Eisen gesetzt wird, wie zahlreiche vom Verfasser durchgeführte Versuche dargetan haben. Beim Aufgeben der Kalksteine verteile man sie derart, daß die Hauptmenge in der Mitte des Schachtquerschnittes untergebracht wird und ein äußerer Ring von mindestens 10 cm Breite kalkfrei bleibt. Auf diese Weise wird das Mauerwerk am besten geschont.

Auf den Füllkoks wird noch kein Kalk gegichtet; bei kleinen Öfen bis zu 800 mm ⌀ genügt es, erst beim 3. Satze, bei größeren Öfen beim 5. bis 6. Satze Kalkzuschläge zu machen. Bei kleinen Schmelzungen, die nur ein einmaliges Füllen des Schachtes bedingen, kann man unter der Voraussetzung aschenarmen Kokses und gescheuerter Eingüsse ohne Kalkzuschlag gut zurecht kommen, bei größeren Schmelzungen ist ein Kalkzuschlag im angegebenen Umfange zur Durchführung guter Schmelzungen unerläßlich.

VII. Die Düsen.

Aufgabe der Düsen ist es, den Wind möglichst gleichmäßig über den gesamten Schachtquerschnitt in der Düsenzone zu verteilen. Die naheliegendste Lösung dieser Aufgabe: Anordnung eines Ringschlitzes rings um den ganzen Schachtumfang, hat sich aus Gründen, deren Erörterung hier zu weit führen würde, nicht bewährt. Für kleine Öfen bis zu 600 mm lichter Weite sind dreikantige, mit einer Spitze des gleichseitigen Dreieckes nach oben ausgerichtete Düsen (Fig. 24) empfehlenswert; sie haben den Vorteil sich weniger leicht zu verschlacken als runde Düsen. Für größere Öfen tun flach ovale Düsen (Fig. 25) gute Dienste, insbesondere hat sich aber die Whitingdüse (Fig. 26), die sich nach innen in der Horizontalrichtung erweitert, gut bewährt. Der Gesamtquerschnitt der nach außen gerichteten schmalen

Fig. 24. Dreieckige Düse.

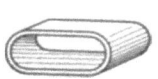
Fig. 25. Ovale Düse.

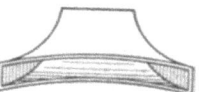
Fig. 26. Whitingdüse.

Öffnung der Whitingdüsen wird gewöhnlich gleich dem doppelten Querschnitte der Gelbläseaustrittsöffnung bemessen, und der Querschnitt der ins Ofeninnere gerichteten Austrittsöffnung der Düsen um $50 \div 100\%$ größer genommen. Man fertigt die Düsen mit Eintrittsabmessungen von 50×150 bis 100×300 mm, die Austrittsöffnung erhält die Höhe des Einlasses, während der Auslaß entsprechend verbreitert wird.

Der gesamte Düsenquerschnitt soll mindestens das doppelte Maß der Gebläseaustrittsöffnung haben. Es ist falsch die Düsen eng zu bemessen, um so eine größere Windgeschwindigkeit zu erzielen. Damit läßt sich keinesfalls die Durchsatzzeit, d. i. die Schmelzleistung in der Zeiteinheit, erhöhen. Nicht auf die Windgeschwindigkeit, sondern auf die in der Zeiteinheit dem Ofen zugeführte Windmenge kommt es an. Eine durch enge Düsen an der Düsenmündung erzielte größere Geschwindigkeit geht in dem Augenblicke verloren, in dem der Wind an das erste Koksstück prallt, danach wird er mit genau dem gleichen Nachdrucke in den Ofen dringen, wie wenn er durch eine weite Düse in denselben gelangt wäre. Eine enge Düse bewirkt demnach nur eine zwecklose Belastung des Gebläsemotors, außerdem wirkt sie, infolge ihrer größeren Neigung verlegt zu werden, schädlich. Man vergleiche darum in erster Linie die Düsenquerschnitte seines Ofens mit dem Auslaßquerschnitte des Gebläses und treffe danach seine Maßnahmen. Die Richtigstellung des Düsenquerschnittes wird die dafür aufzuwendenden Kosten in vielen Fällen recht reichlich und recht rasch hereinbringen!

Die Höhenlagen der Düsen über der Herdsohle wurde bereits in dem den Füllkoks betreffenden Abschnitt auf Seite 15 behandelt, es sei nur nochmals auf den Vorteil möglichst tief liegender Düsen verwiesen. Doppelte Düsenreihen bewirken, falls die Reihen nicht weiter als etwa 450 mm voneinander entfernt sind, etwas rascheres Schmelzen. Sie bringen aber keinesfalls eine Brennstoffersparnis, haben dagegen stets ein wesentlich rascheres Abschmelzen des Mauerwerkes in der Schmelzzone zur Folge.

VIII. Das Schmelzen.

Schmelzbeginn. Man beginnt mit dem Setzen sobald das Anheizfeuer gut durchgebrannt ist und läßt den Ofen 2÷3 Stunden nach seiner vollständigen Füllung stehen, ehe durch Anlassen des Windes mit dem Schmelzen begonnen wird. Ein früherer Schmelzbeginn bewirkt anfänglich mattes Eisen und langsameres Schmelzen, Erscheinungen, die gewöhnlich erst nach dem 10. Satze ganz überwunden werden. War aber zugleich der Füllkoks noch nicht gründlich genug in helle Glut geraten, so pflegt das unbefriedigende Schmelzen während der ganzen Schmelzzeit anzuhalten — der Ofen erholt sich überhaupt nicht mehr. Ein mehrstündiges Stehenlassen des gefüllten Ofens bedingt durchaus keinen Brennstoffverlust, vorausgesetzt, daß sofort nach vollendetem Setzen der Luftzutritt mit Ausnahme desjenigen durch das Abstichloch völlig unterbunden wird. Zu dem Zwecke sind sämtliche Düsen zu schließen, und, falls der Ofen an eine recht wirksame Esse angeschlossen ist, auch der Essenzug mittels eines Schiebers oder einer Türe auf ein Mindestmaß herabzusetzen. Dem Abbrennen des Füllkokses läßt sich damit genügend begegnen, es kann sogar vorkommen, daß das Feuer zurückgeht oder gar erstickt, was aber stets nur eine Folge ungenügenden Durchbrennens des Füllkokses ist. Dieser muß durchaus gründlich angebrannt sein, was erst dann der Fall ist, wenn er ohne künstliche Nachhilfe, wie etwa durch Anlassen des Windes, vor sämtlichen Düsen zur Hellrotglut gelangt ist, und wenn diese Glut auch von der Gichtöffnung aus durch die obenauf befindliche Koksschicht ringsum deutlich wahrnehmbar ist. Ein Anlassen des Windes zur rascheren Inbrandsetzung des Füllkokses ist nicht zu empfehlen. Es bewirkt sehr erhebliche Wärmeverluste, da die entstehenden heißen Gase ungenützt in die Esse gelangen und führt zudem leicht zu Täuschungen über den allgemeinen Entzündungsgrad, da so behandelter Koks in der Nähe der Düsen, woselbst er hauptsächlich zu beobachten ist, weißglühend werden kann, während er an anderen Stellen noch verhältnismäßig wenig ins Brennen geraten ist. Wurde der Koks von unten entzündet und, abgesehen von der für einen Ölbrenner erforderlichen Druckluft, ausschließlich mit Hilfe des natürlichen Zuges im angegebenen Umfange zur hellen Glut gebracht, so kann man betreffs der allgemeinen Durchbrennung völlig beruhigt sein. Der Brennstoffverbrauch nach dem Setzen ist dann, trotzdem sich die Glut weiter entwickelt, sehr gering und nach zwei bis höchstens drei Stunden — man wird bei sorgfältigem Anfeuern schon mit 2 Stunden fast in allen Fällen gut zurecht kommen — sind die untersten Sätze soweit vorgewärmt, daß sie unter der Wirkung des Windes nach 3÷4 Minuten zu schmelzen beginnen. Wird dagegen der Wind unmittelbar nach dem Setzen angelassen, so währt es 15÷20 Minuten bis das erste Eisen erscheint, das Schmelzen geht längere Zeit sehr langsam von statten und das ausfließende Eisen ist äußerst matt.

Der Schmelzverlauf. Das Abstichloch bleibt offen, bis das erste Eisen auszulaufen beginnt. Dann schließt man es mit einem mürben, d. h. stark sandhaltigem Lehmpfropf, wartet bis sich 10÷20 kg Eisen — je nach dem Durchmesser des Ofens — gesammelt haben, sticht ab, und verwendet dieses erste, stets etwas mattere Eisen zum Anwärmen der Gießpfannen. Bei guter Vorwärmung und nicht zu vorzeitigem Anlassen des Windes wird man stets in der Lage sein mit der Uhr in der Hand zu bestimmen, wann die beabsichtigte Eisenmenge sich im Herde gesammelt hat. Dieses Eisen hatte ursprünglich dieselbe Temperatur wie das später schmelzende, es mußte aber einen Teil seiner Wärme zum Anwärmen des Herdes und der Abstichrinne abgeben.

Man hält je nach dem im betreffenden Betriebe üblichen Eisenverteilungsverfahren nach dem ersten Abstiche das Stichloch ständig offen oder schließt es wieder, um in bestimmten Zeitabschnitten die gewünschte Eisenmenge durch weitere Abstiche dem Ofen zu entnehmen. Der Betrieb mit ständigem Eisenablauf bietet wesentliche Vorteile. Vor allem fließt das Eisen ständig gleichmäßig warm aus dem Ofen, dann ist seine Überhitzung größer als die einer unter sonst gleichen Umständen im Ofenherde gesammelten Eisenmasse, und schließlich bleibt das Eisen in seiner chemischen und physikalischen Zusammensetzung reiner. Nur bei ständigem Eisen- und Schlackenablaufe ist ein regelmäßig gleichmäßiges Niedersinken der Schmelzsäule möglich. Sammelt man das Eisen im Herde, so wird der über ihm befindliche Füllkoksstock allmählich höher gedrückt, er gerät in den Bereich der Schmelzzone, woselbst er unter entsprechender Verzögerung des Schmelzens abbrennt. Es tritt zunächst die gleiche Schmelzhemmung ein, wie bei zu hohem Kokssatze. Wird nach Erreichung der gewünschten Eisenmenge abgestochen, so sinkt die Schmelzsäule wesentlich rascher nieder, als der Schmelzleistung des Ofens entspricht, Eisen und Koks rücken ungenügend vorgewärmt in die Schmelzzone, gelangen nicht rechtzeitig zur Verflüssigung, beziehentlich zur Verbrennung, durchschreiten die untere Grenze der Schmelzzone und es kommen alle bei Besprechung der zu geringen Füllkokshöhe erörterten Übelstände zur Geltung. Das läßt sich durch unmittelbaren Augenschein feststellen. Bei Beobachtung der Düsen wird man sehen, wie mit der fortlaufenden Entleerung des Herdes das Niederrieseln der Eisentropfen sich mindert, wie es dann fast ganz aussetzt, und wie am Ende eines größeren Abstiches schwarze Koksbrocken und ungeschmolzene Eisen- und Kalkstücke an den Düsen vorbeigleiten. Ein Teil dieser Schmelzstoffe gelangt zwar noch im Herde zur bestimmten Verarbeitung, d. h. das weich gewordene Eisen und der Kalk schmelzen dort noch und ein Teil des unverbrannt durch die Schmelzzone gehenden Kokses wird zur Ausgleichung der vorher unter das normale Maß abgebrannten Füllkokssäule dienen. Das Schmelzen unterhalb der Schmelzzone ergibt von vornherein weniger hitziges Eisen, und dieses bereits matter erschmolzene Eisen hat das halbgeschmolzene Eisen im Herde zu lösen; es ist daher nicht zu verwundern, wenn nach einem größeren Abstiche der Ofen wesentlich matteres Eisen liefert. Erst wenn durch einige rasch hintereinander erfolgende kleinere Abstiche wieder normale Verhältnisse herbeigeführt wurden, kann wärmeres Eisen erwartet werden, im allgemeinen pflegt sich aber nach einem sehr großen Abstiche das Eisen nicht mehr auf die ursprüngliche Wärme zu erholen.

Die Meinung, eine größere Menge Eisen lasse sich im Ofen wärmer erhalten als in der Pfanne, ist nicht zutreffend. Im Gegenteil, bei sachgemäßer Behandlung bleibt das Eisen in der Pfanne heißer als im Ofen. Unterhalb der Düsen findet keine nennenswerte Verbrennung des Kokses statt — den Beweis liefern Reste des Anheizholzes oder Holzkohlenstücke, die selbst bei sehr großen Schmelzungen nach dem Entleeren des Ofens in der ausgefallenen Masse wiedergefunden werden; es kann darum im Herde von einer nennenswerten Wärmeentwicklung nicht die Rede sein. In der Pfanne besteht allerdings die Gefahr beträchtlicher Wärmeverluste durch Strahlung nach oben, der aber durch aufgesiebte Holzkohle oder eine sonstige wärmeschützende Decke weitgehendst begegnet werden kann. Seitliche Strahlungsverluste in der Pfanne sind nicht mehr als im Ofen zu befürchten, da die Pfannenwände durch entsprechend starke Auskleidung genügend geschützt werden können. Bleiben nur noch Wärmeverluste in der Abstichrinne, die vielleicht bei dauerndem Abflusse fühlbar werden können, weil die Abflußgeschwindigkeit mit der Schmelzleistung in Übereinstimmung bleiben muß, und die beim zeitweisen Abstiche infolge der größeren Durchflußgeschwindigkeit nur ganz belanglos sein können. Durch möglichste Kürzung der Ablaufrinne und durch ihre ständige Abdeckung läßt sich einer Abkühlung noch weiter begegnen, so daß überhaupt von merkbaren Wärmeverlusten nicht mehr die Rede sein kann. Man ist darum in der Lage, bei ständigem wie bei zeitweiligem Ablaufe in eine nicht allzu flache Pfanne wesentlich heißeres Eisen zum Vergießen zu bringen als beim Sammeln des Eisens im Ofenherde. Das Eisen bleibt zudem reiner, da es nicht mehr der Gefahr anhaltender Schwefelaufnahme aus dem zur Rotglut erhitzten Koks ausgesetzt ist.

Das Abfangen des Eisens vom ununterbrochen fließenden Strahle setzt eine gewisse Schulung der Gießer und zugleich die Eignung des betreffenden Betriebes hierfür voraus. Insbesondere muß ständiger Bedarf an kleineren in Hand- und Gabelpfannen zu vergießenden Eisenmengen vorhanden sein. Wo das nicht der Fall ist, wo man Eisen in stetig und beträchtlich wechselnden Mengen braucht, wird man sich besser durch Anordnung eines Vorherdes oder Verwendung einer Zwischenpfanne helfen. Solche Zwischenpfannen sind in der amerikanischen Praxis sehr verbreitet, während in Deutschland sich der Vorherd eingebürgert hat. Beide Einrichtungen sichern vor allem den regelmäßigen Verlauf des Schmelzens. Die Zwischenpfannen werden so aufzustellen sein, daß sie zur Abgabe von Eisen gekippt werden können, ohne Nötigung, den ihnen zufließenden Eisenstrahl zu unterbrechen.

Jedenfalls ist daran festzuhalten, daß ein regelmäßiger, stetig gleichmäßig hitziges Eisen liefernder Schmelzbetrieb nur bei ausnahmslos kleinen Abstichen möglich ist. Die mit einem Abstiche dem Ofen entnommene Eisenmenge sollte das Gewicht eines Eisensatzes nicht übersteigen.

Das Reinigen der Düsen. Unmittelbar nach dem Anlassen des Windes pflegt die Glut vor den Düsen heller zu leuchten, doch bald erscheinen die an den Düsen liegenden Koksstücke dunkler, an einzelnen Stellen werden sie ganz schwarz. In diesem Zeitpunkte die Düsen mit irgendwelchen Hilfsmitteln, z. B. Stoßen mit eiserner Stange, freimachen zu wollen, ist verfehlt. Der Wind bahnt sich den Weg in den Ofen nicht durch Beiseiteschiebung der ihm entgegenstehenden Hemmnisse, sondern er sucht sich Bahnen durch die zwischen den einzelnen Koksstücken vorhandenen Hohlräume. Die unmittelbar vor den Düsen liegenden Koksstücke werden anfangs durch den großen Überschuß des sie treffenden Windes abgekühlt, sie hemmen aber keineswegs seinen Durchgang. Dieser erfolgt ganz im selben Umfange, wie wenn diese Stücke hellglühend blieben. Sobald dann die Verbrennung in Gang geraten ist, was nach wenig Minuten zutrifft, kommen die schwarz gewordenen Koksstücke wieder zur Glut. Vorherige Durchstoßversuche sind nur von Übel. Anders ist es, wenn nach längerem Schmelzen die Düsen verschlackt wurden. In diesem Zustande müssen sie frei gemacht werden. Das geschieht durch Öffnung der Düsenklappe und Einführung einer kräftigen, stumpfen Eisenstange, mit der energisch geradeaus und seitlich gestoßen wird. Es ist nicht gut, dabei das im Ofen befindliche Ende der Stoßstange eine kreisende Bewegung machen zu lassen, als ob im Ofen umgerührt werden sollte. Damit wird nach Umständen nur ein trichterförmiges Loch geschaffen und zugleich der Zugang zu bestehenden Durchlässen zerdrückt. Kurze lebhafte Stöße, durch die die hemmenden Krusten und Ansätze abgebrochen und fortgestoßen werden, sind allein richtig. Verfehlt ist es auch während der Düsenreinigung den Wind abzustellen oder zu vermindern. Es bedarf keiner großen Geschicklichkeit, um auch bei vollem Winddrucke verschlackte Düsen rasch und gründlich zu säubern. Die Hand kann mit einem Leder- oder Asbesthandschuh durchaus genügend geschützt werden, und die Schlackenansätze braucht man während des Abstoßens nicht zu sehen, man fühlt sie mit der Stange deutlich genug.

Weitaus besser als auf die beschriebene mechanische Art lassen sich die Düsen durch zeitweises Abstellen des Windes reinigen. Der Ofen wird hierzu mit der doppelten Düsenzahl ausgestattet, so daß ihm stetig die gleiche Luftmenge zugeführt werden kann. Da die Schlacke vor den Düsen nur infolge des sie unmittelbar treffenden Windes erstarrt, im gesamten übrigen Ofenquerschnitte dagegen gut flüssig bleibt, genügen schon $5 \div 10$ Minuten nach Abstellung des Windes, um eine kalt geblasene Düse wieder völlig frei zu schmelzen. Selbstredend muß die Ausschaltung der Düsen so getroffen werden, daß abwechselnd eine um die andere in und außer Betrieb kommt, da andernfalls — wenn etwa sämtliche Düsen auf der einen Umfanghälfte des Schachtes gleichzeitig ein- und ausgeschaltet würden — schwere Schädigungen des Schmelzganges unausbleiblich wären. Zur Ermöglichung stetig gleichmäßiger Windverteilung über den ganzen Schachtquerschnitt ist darum bei allen derartigen Anlagen eine gerade Anzahl von Düsen vorzusehen. Es bestehen verschiedene Ausführungen, die es ermöglichen abwechselnd die eine und die andere Hälfte der Düsen in Betrieb zu halten, u. a. haben sich die Einrichtungen von Bestenbostel in Bremen, der A. G. Vulcan in Köln-Ehrenfeld, der Alf. Gutmann A.-G. in Altona-Ottensen und von E. Neufang in Deutz bestens bewährt. Man hat es mit solcher Einrichtung in der Hand, in bestimmten Zeitabschnitten die Düsen entweder selbsttätig oder von Hand umzustellen. Die selbsttätige Umschaltung ist vorzuziehen, da sie ganz unabhängig vom Schmelzer die Reinigung der Düsen bewirkt. Es ist gut, die Zeit zwischen dem Umstellen der beiden Düsengruppen mit nicht mehr als höchstens 15 Minuten zu bemessen, da dann, sonst ordnungsmäßigen Betrieb vorausgesetzt, die Düsen überhaupt nicht schwarz werden und so dem Ofen stetig und ungehemmt die gleiche Luftmenge zuströmen kann.

Das Abstechen. Das Abstecheisen besteht aus Rundeisen von $15 \div 25$ mm Durchmesser und $2 \div 3$ m Länge. Es wird an einem Ende zu einer scharfen Spitze ausgezogen und am anderen Ende zu einem handlichen ovalen Griffe oder auch winkelig zusammengebogen (Fig. 27 A und B). Außerdem braucht man für Fälle, in denen zur Öffnung des Stichloches mit dem Hammer nachgeholfen werden muß, ein kurzes etwa dreiviertel Meter langes Eisen von 20 bis 30 mm Durchmesser, dessen eines Ende scharf zugespitzt ist, während das andere stumpfe Ende zu einem Haken ausgebildet wurde (Fig. 27 C), gegen den der Hammer gerichtet werden kann, falls das in die Verschlußmasse getriebene Eisen von Hand nicht mehr zurückgezogen werden kann. Es empfiehlt sich jeden Kupolofen mit etwa 6 langen und 2 kurzen Absticheisen auszustatten. Handelt es sich um das Abfangen des Eisens in lauter gleich großen Pfannen, so erhalten 4 Stück lange Absticheisen denselben Durchmesser, während zwei nur zum Offenhalten und zur Säuberung des Stichloches dienende Stangen schwächer ausgeführt werden. Für Abstiche von wesentlich verschiedener Eisenmenge hält man Eisen von entsprechenden Durchmessern bereit. Als Hilfswerkzeug tut auch ein kurzer, etwa $1/2$ m langer Stahlstab mit meißelartig flach ausgeschmiedeter Schneide (Fig. 27 D) gute Dienste. Mit diesem Werkzeuge wird das Pfropfenmaterial vor dem Durchstoßen mit dem eigentlichen Abstecheisen weggeschabt und -gebrochen. Vor jeder Schmelzung müssen die Eisen durchgesehen und hergerichtet werden, wozu es sich empfiehlt, ein kleines Schmiedefeuer und einen Ambos in der Nähe des Ofens zur Verfügung zu haben. Das Abstechwerkzeug darf weder am Boden herumliegen, noch soll es irgendwo so angelehnt werden, daß es leicht umfallen kann oder in Gefahr ist, umgeworfen zu werden. In einem geordneten Betrieb wird sich stets in greifbarer Nähe des Abstechers eine Gelegenheit zur sicheren Aufstellung des Ofengezähes befinden.

Sobald es Zeit ist, das Stichloch zu öffnen, wird man, soweit dies nötig erscheint, mit dem letztgenannten Werkzeuge das Pfropfenmaterial möglichst gründlich beseitigen, worauf die Spitze eines Abstecheisens auf den Verschlußpfropf gesetzt und unter abwechelnder Rechts- und Linksdrehung vorgedrückt

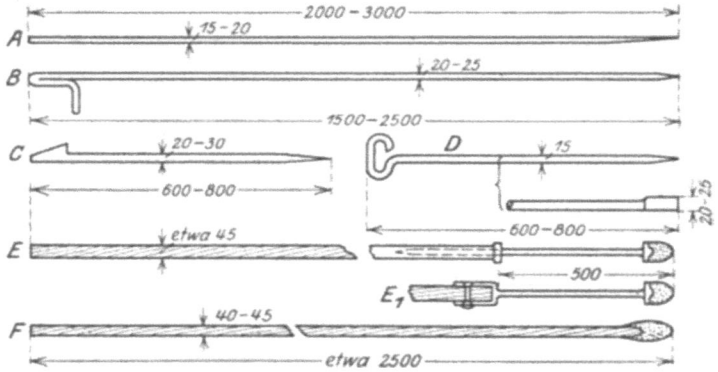

Fig. 27÷32. Abstecheisen und Stopferstangen.

wird, oder man drückt sie vorwärts, indem man zugleich das rückwärtige Ende des Eisens einen kleinen Kreis beschreiben läßt. Sobald der Stopfen durchgestoßen ist, drückt man die Stange vollends in das Abstichloch, zieht sie ein- oder zweimal zurück und schiebt sie wieder vor, wobei die Spitze ringsum gegen die Lochwandung gedrückt wird, um diese zu glätten und die Öffnung zu erweitern. Dabei ist sorgfältig darauf zu achten, daß der Strahl des ausfließenden Eisens in gerader Richtung in die Abstichrinne gelangt.

Das Schließen des Abstiches. Sobald dem Ofen eine genügende Eisenmenge entflossen ist, oder sobald mit dem Eisen Schlacke aus dem Ofen tritt, wird die Abstichöffnung mit einem Lehmpfropfen verschlossen. Dazu bedient man sich runder Holzstangen, an deren Ende ein zugespitzter Ballen von feuchtem Lehm unmittelbar aufgedrückt (Fig. 27 F) oder an ein eisernes Plättchen geklebt wird, das mit einer eisernen Hülse mit der Stange verbunden ist (Fig. 27 E und E_1). Da der Stopfen während des Eindrückens leicht abfällt, müssen schon vor jedem Abstiche einige gebrauchsfertige Stopferstangen bereit gehalten werden. Zur Ausführung des Verschlusses wird der Pfropfen unmittelbar über den Eisenstrom vor das Abstichloch gebracht und die Stange mit ihrem rückwärtigen Ende gehoben, so daß sie mit der Rinne einen scharfen Winkel bildet (Fig. 33), dessen Spitze in der Abstichöffnung liegt. Dann schiebt man mit einem kurzen kräftigen

Drucke den Pfropf durch den Eisenstrom in das Abstichloch, hält einige Sekunden lang, bis der Lehm hart gebrannt ist, den Druck aufrecht, entfernt dann durch drückendes Drehen der Stopferstange die nicht eingedrungenen Reste des Pfropfens und zieht schließlich die Stange zurück. Nach Eintauchen der Stangenspitze in Wasser versieht man sie mit einem neuen Stopfen und stellt dann die Stange bis zur nächsten Benützung abseits. Neulinge halten gerne den Pfropf vor dem Zustoßen zu weit vom Stichloche entfernt über dem ausfließenden Eisen und versuchen dann ihn über oder unter dem Eisenstrahle in die Abstichöffnung zu drücken. Sie werden unruhig, treffen den Strahl zu frühzeitig oder stoßen neben das Loch, so daß nach allen Seiten Eisen verspritzt. Mitunter sind auch die Pfropfenstangen zu lang, um bequem gehandhabt zu werden. Man legt dann in der Nähe des Abstiches einen Bügel über die Rinne, auf dem sowohl die Stopferstangen wie die Abstecheisen ruhen können. Bei hochliegender Abstichrinne empfiehlt es sich, ein weghebbares erhöhtes Laufbrett neben der Rinne anzuordnen, das es dem Schmelzer ermöglicht, den Abstich in bequemster Höhenlage zu bedienen. Versieht man die Rinne zugleich mit einem Deckel, so können kürzere Abstecheisen und Stopferstangen verwendet werden, was die Bedienung des Abstiches wesentlich vereinfacht.

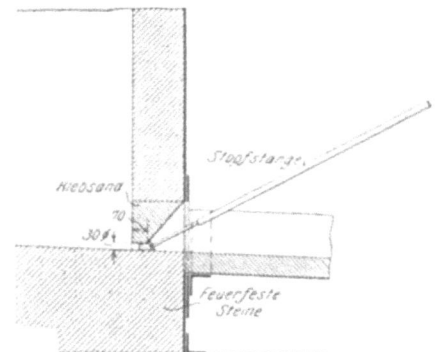

Fig. 33. Verschließen des Abstichloches.

Als **Pfropfenmaterial** kommen Mischungen von blauem und gelbem Ton mit Formsand, mitunter auch von feuerfestem Ton und Formsand in Frage. Das Material muß mehr oder weniger fest sein, je nachdem größere oder kleinere Eisenmengen im Herde gesammelt werden sollen. Kleine Kupolöfen bedürfen mürberer Pfropfen, da bei ihnen während der naturgemäß kurze Zeit in Anspruch nehmenden Abstiche nicht genügend Zeit zur Selbstreinigung des Auslaufes bleibt. Handelt es sich in solchen Fällen um ganz besonders kurze Abstiche, so mischt man der Pfropfenmasse bis zum halben Volumen Sägespäne bei.

Mechanische Absticheinrichtung. Für Betriebe, die mit häufigen Abstichen arbeiten müssen, und wo man sich dennoch nicht entschließen kann zum ununterbrochenen Eisenablaufe überzugehen, sind mechanische Absticheinrichtungen vorzüglich geeignet die Arbeit des Abstechens und Zustopfens auf das Äußerste zu vereinfachen und zu vermindern. Die Fig. 34 und 35 zeigen eine solche Einrichtung nach dem seit Jahren in der Praxis gut bewährten D.R.P. Nr. 263914 von Friedr. Feldhoff Sohn in Barmen. Der Apparat ist an jedem Kupolofen leicht anzubringen, er gewährt vollkommene Betriebssicherheit, ermöglicht die Entnahme kleinster Eisenmengen bei vollem Ofen, erfordert den geringsten Kraftaufwand seitens der Bedienung, kann durch ungeschulte Kräfte bedient werden, erspart Abstecheisen und Stopferstangen, hat selbst unbegrenzte Lebensdauer und schont das Abstichloch, so daß es höchstens einmal erneuert werden muß, während es unter sonst gleichen Umständen beim Handbetrieb schon zehnmal hätte erneuert werden müssen. Fig. 34 stellt die Lage der einzelnen Teile der Vorrichtung bei geöffnetem und Fig. 35 bei geschlossenem Abstichloche dar. Die Welle b ist in den beiden am Ofenmantel festgeschraubten Lagerböcken a drehbar gelagert; der auf der Welle b fest aufgekeilte Arm c ist an seinem anderen Ende zum Kopfe d ausgebildet, in dem die Stopfenstange e drehbar befestigt ist. Wird die Stopfenstange am rückwärtigen Ende angefaßt und bogenförmig niedergezogen, so läßt sich, da der Hebel c um die Welle b drehbar ist und zugleich die Stopfenstange e um den Zapfen f einige Bewegungsfreiheit hat, der Stopfen sicher in das Stichloch drücken. Da diese Handhabung immerhin einige Übung und Geschicklichkeit bedingen würde, wird sie durch Anordnung der fest auf der Stopferstange sitzenden Führungszunge g (aus Flacheisen) und des am Ofenmantel befestigten Anschlages i zwangsläufig gemacht. Ein auf das rückwärtige Ende der Stange gesetztes Gewicht h gibt der Verschlußbewegung kräftigen Nachdruck. Der Verschluß wird durch Ziehen am beweglichen Hebelgriffe k, der an dem auf der Welle b

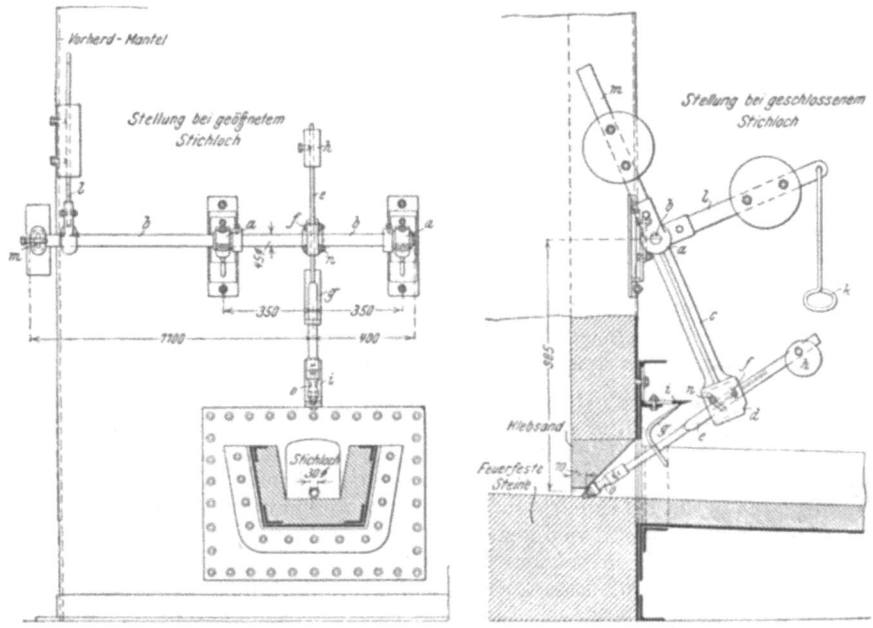

Fig. 34/35. Mechanische Abstechvorrichtung nach Feldhoff.

festgekeilten Hebel l angebracht ist, bewirkt. Der ganze bewegliche Mechanismus würde beim Anheben, d. h. beim Öffnen des Verschlusses, infolge seines Eigengewichtes Neigung haben, zurückzufallen. Dem begegnet ein zweiter auf der Welle b festsitzender und gleich dem Hebel h mit einem Gewichte versehener Hebel m. Die Gewichte sind so ausgeglichen, daß der Apparat sowohl beim Anheben wie beim Schließen in jeder Lage stehen bleibt. Zur Verhütung des Umkippens der Stopferstange e ist im Kopfe d der Anschlagstift n vorgesehen, gegen den sich die Stange beim Anheben legt.

Da die Stopfen von Zeit zu Zeit der Erneuerung bedürfen ist ihre rasche Auswechslung wichtig. Zu dem Zwecke ist die Spitze O der Stopferstange auswechselbar. Man hält stets einige Spitzen mit frischen Stopfen bereit und kann so jederzeit innerhalb einiger Sekunden bei hochgehobener oder schräg stehender Stopferstange einen unbrauchbar gewordenen Pfropfen durch einen frischen ersetzen (Fig. 36/37). Ein leichter Hammerschlag schiebt das alte Ende beiseite, worauf das neue übergeschoben wird. Fig. 37 zeigt eine Büchse, mittels derer dem Pfropfen genaue Form gegeben werden kann.

Für diese mechanische Abstichvorrichtung muß, damit der bogenförmig geführte Pfropfen die vordere Abschlußfläche des Abstiches möglichst im rechten Winkel treffen kann, das Abstichloch etwas anders als für den Handbetrieb hergerichtet werden. Fig. 38 zeigt die allgemeine Anordnung eines solchen Abstichsteines und Fig. 39 gibt die genauen Abmessungen desselben an.

Vor Inbetriebsetzung des Ofens ist das Abstichloch mit Graphitpulver auszureiben. Sobald das erste Eisen erscheint, wird das Loch mit Formsand ausgestopft. Zum ersten Abstich räumt man diesen

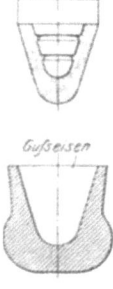
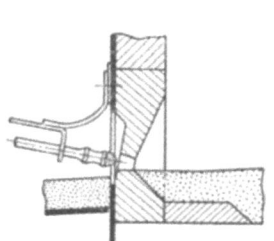
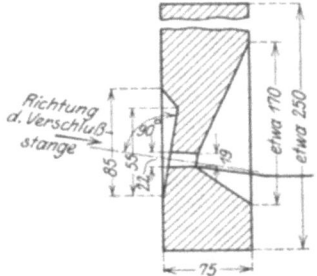

Fig. 36/37. Stopfen und Stopfenformbüchse.

Fig. 38. Anordnung des Abstichsteines für mechanischen Abstich.

Fig. 39. Abmessungen des Abstechsteines.

Sand mit einem leichten meißelartigen Eisen gänzlich weg, wobei auf Schonung des ursprünglichen aufgeriebenen Graphitbezuges zu achten ist. Die mechanische Einrichtung tritt dann beim erstmaligen Verschlusse in Tätigkeit. — Da ein Stopfer wiederholte Abstiche und Verschlüsse aushalten soll, muß er aus einer Masse bestehen, die trotz der hohen Wärmebeanspruchungen längere Zeit eine gewisse Bildsamkeit bewahrt. Hierfür hat sich folgendes Gemenge gut bewährt:

$3/7$ Teile gemahlener Graphit
$1/7$,, feuerfester Sand
$1/7$,, Holzkohlenstaub
$1/7$,, Pferdedünger
$1/7$,, gesiebte Holzkohlenasche

Zunächst die trockenen Teile innigst vermengen, dann den Pferdedünger zusetzen und das Ganze mit Sulfitlauge oder Melasse zu einer eben noch bildsamen Masse abkneten.

Abschlacken (Schlackenabstich). Die Menge der bei einer Schmelzung sich ergebenden Schlacke hängt von der Beschaffenheit des Roheisens — in Sand oder in Schreckschalen gegossene Masseln —, vom Aschengehalt des Kokses, von Beschaffenheit — gescheuert oder ungescheuert — und Menge der Eingüsse und von der Menge des zur Verschlackung des Sandes und der Asche zugesetzten Kalksteines ab. Im günstigsten Falle, d. h. bei sandfreien Masseln, gescheuerten Eingüssen und aschenarmen Kokse kann das Gewicht der Schlacke kleiner als dasjenige des gesetzten Kalksteines werden, vorausgesetzt, daß auch der Kalkstein möglichst rein und reich an CaO ist. Im Durchschnitte beträgt das Gewicht der Schlacke bei mehrstündigen Schmelzungen um 30% mehr als das des Kalksteines, in ungünstigen Fällen, wozu insbesondere sehr lang währende Schmelzungen zählen, beträchtlich mehr. Es handelt sich demnach, da das

Gewicht des zugesetzten Kalksteines $2^1/_2 \div 5\%$ von dem des Eisens beträgt, um recht erhebliche Schlackenmengen.

Bei kleinen Schmelzungen, die nur eine einmalige Füllung des Ofenschachtes bedingen, ist ein Schlackenabstich während des Schmelzens nicht nötig. In allen anderen Fällen muß die Schlacke dem Herde während des Schmelzens entnommen werden, wozu ähnlich wie für den Eisenabstich ein mit einem Lehm- oder Sandpfropfen verschließbares Abstichloch vorzusehen ist.

Die Höhe des Schlakenabstichloches über der Herdsohle hängt von der Betriebsart ab. Wenn das Eisenabstichloch ständig offengehalten wird, so bringt man den Schlackenabstich nur wenig höher als den Eisenabstich an, und läßt ihn nach dem ersten Abstiche ständig offen. Der Schlackenablauf regelt sich dann von selbst, und bei richtig bemessener, nicht zu großer Öffnung tritt auch kein Windverlust ein. Diese Anordnung verbürgt jedenfalls den gleichmäßigsten Schmelzverlauf und das reinste Eisen.

Beläßt man die Schlacke zu lange im Herde, so wird sie zähflüssig und es wird stetig schwieriger, sie zu entfernen. Andererseits kann sie infolge von Verunreinigungen zum Kochen kommen, und, falls sie schon bis nahe zu den Düsen hochgestiegen ist, in dieselben eindringen. Außerdem fließt kochende Schlacke gleich der zähflüssig gewordenen durch das Schlackenloch ziemlich schwierig ab. Aus diesen Gründen ist bei Betrieben mit zeitweiligem Abstiche und längeren Schmelzungen eine Schlackenabnahme während des Schmelzens notwendig. Die Höhe des Schlackenabstiches ober der Herdsohle hängt von der im Herde zu sammelnden Eisenmenge ab. Man tut gut, die Abstichöffnung knapp oberhalb des höchsten Eisenspiegels anzuordnen. Wird nur ausnahmsweise eine größere Eisenmenge im Herde gesammelt, so empfiehlt es sich ein zweites, tiefer gelegenes Schlackenabstichloch vorzusehen. Eine halbe, spätestens aber eine Stunde nach Schmelzbeginn wird erstmals abgeschlackt. Man läßt die Schlacke solange laufen, bis mit ihr auch Wind austritt, und verschließt dann den Abstich mit einem mehr oder weniger fetten Lehmpropfen. Soll das flüssige Eisen im Herde im Verlaufe der Schmelzung die Höhe des Schlackenloches nicht übersteigen, so genügt ein größtenteils aus Formsand bestehender Pfropf, dem nur die zum sicheren Halt erforderliche Lehm- oder Tonmenge zugesetzt wurde. Soll aber das Eisen nach dem ersten Abschlacken höher steigen, um vielleicht ein zweites Mal durch ein höher gelegenes Schlackenloch von der auf ihm ruhenden Schlacke befreit zu werden, so ist ein fetter Lehmpropf aus demselben Material wie für den Eisenabstich zu verwenden.

Bei richtig bemessenen Abstichzeiten und nicht zu großer Abstichöffnung soll während des Abschlackens kein Wind entweichen. Man öffnet den Abstich erst, wenn die Schlacke die Höhe des Abstichloches überschritten hat, und schließt ihn wieder, sobald Wind mit der Schlacke auszutreten beginnt. Bei ausreichendem Kalkzusatze fließt die Schlacke dünnflüssig und ohne nennenswerte Nachhilfe aus. Soll die Schlacke bei jedem Abstiche möglichst vollständig abgezogen werden, d. h. bis auch Eisen mit ihr zum Abfließen kommt, so läßt sich auch das ohne nennenswerten Windverlust machen. Man hat nur nötig, den oberen Teil des Abstichloches mit einem Lehmpropfen zuzuhalten. Das Abstellen des Windes während des Abschlackens ist unnötig und durchaus verfehlt, da hierdurch der regelmäßige Schmelzverlauf gestört wird. Das vielfach anzutreffende Feuerwerk während des Abschlackens, infolge gemeinsamen Wind- und Schlackenaustrittes, zeugt nur von mangelhafter Schulung des Schmelzers. Eine möglichst häufige Entnahme der Schlacke in kurzen Zeitabschnitten ist ebenso wichtig wie das häufige Abstechen des Eisens, da mit jedesmaliger Schlackenabnahme die Schmelzsäule unvermittelt nachsinkt und in der Folge Eisen und Koks weniger gut vorbereitet in die Schmelzzone gelangen.

Die auslaufende Schlacke wird am Boden des Schmelzbaues häufig nur durch einen schnell hergerichteten Formsanddamm begrenzt und am Ende der Schicht oder an dem ihr folgenden Morgen abgefahren. Einfacher, billiger und größere Sauberkeit verbürgend ist es, sie in eisernen Behältern zu sammeln. Vor dem Abstiche stellt man in den Behälter einen eisernen Haken (Fig. 40), an dem die erstarrte Schlacke später hochgehoben und auf einen Abfuhrwagen abgesetzt wird. — Bei hochgelegenen

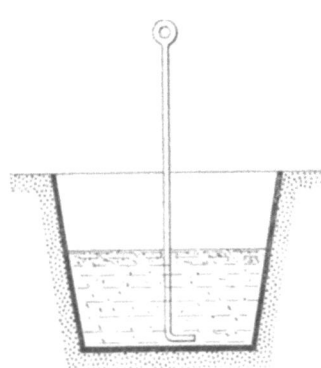

Fig. 40. Schlackenbehälter.

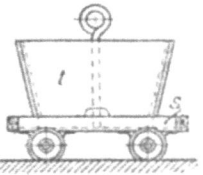

Fig. 41. Schlackenwagen.

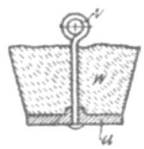

Fig. 42. Bodenplatte des Schlackenwagens.

Schlackenabstichen wird es mitunter möglich, die Schlacke unmittelbar in der Mulde eines Kippwagens aufzufangen und sie so auf sauberste Weise und mit einem Mindestaufwande an Löhnen fortzuschaffen. — Eine andere Wagenart (Fig. 41) besteht aus einem Fahrgestell mit einem aus 4 Platten zusammengesetzten, nach unten sich verjüngenden Kasten. Der Boden des Kastens wird durch eine aushebbare Platte (Fig. 42) gebildet, die lose zwischen den vier Wandplatten sitzt und mit einem eingeschweißten oder eingenieteten Rundeisen versehen ist, an dem sie mitsamt der erkalteten Schlacke durch den Gießereikran ausgehoben werden kann. Der Kasten wird groß genug bemessen, um die Schlackenmenge einer Tagesschmelzung aufnehmen zu können.

Bei unterkellerten Kupolofenanlagen leitet man den Schlackenabfluß mittels kleiner Formsanddämme zur Bodenöffnung unterhalb der Ofenverschlußklappen in den Keller, in dem sie am nächsten Morgen zugleich mit den Schmelzresten ausgeklaubt und weiter befördert wird.

IX. Störungen des Schmelzverlaufes.

Das Hängenbleiben der Schmelzsäule ist stets ein Zeichen mangelhaften Schmelzbetriebes. Es tritt am leichtesten bei Kupolöfen mit verengter Schmelzzone und am seltensten bei Öfen mit gleichmäßig zylindrischem Schachte ein. Die Ursache kann in nachlässiger Zustellung des Ofens liegen, sei es, daß der Schmelzer es versäumte, anhaftende Schmelzreste gründlich genug zu beseitigen oder daß er die unteren Kanten ausgebrannter Stellen nicht genügend ausglich, oder aber, und das ist im allgemeinen der häufigere Fall, der Fehler liegt in ungenügender Zerkleinerung des gesetzten Eisens. Lange Roheisenmasseln sind fast weniger gefährlich als dünnwandiger sperriger Bruch und insbesondere als sperrige Eingüsse, da diese nicht gleich den Masseln durch ihr eigenes Gewicht dem Hängenbleiben entgegenwirken. In den meisten Fällen mag das Zusammentreffen beider Übelstände — ungenügend gereinigte Ofenwände und sperriger Einsatz — den Anlaß zum Hängenbleiben bilden. Der Übelstand wird in erster Linie an der Gicht bemerkbar: sobald die Schmelzsäule aufhört gleichmäßig niederzusinken, besteht die Gefahr des Hängenbleibens. Eine mäßige Verlangsamung des Niederganges tritt auch ein, wenn dem Herde das Eisen nicht regelmäßig entnommen, sondern in ihm in größerem Umfange gesammelt wird. Durch das im Herde hochsteigende flüssige Eisen wird der Füllkoks hochgedrückt und allmählich verbrannt. Um die zu seiner Verbrennung erforderliche Zeit verzögert sich das Schmelzen, die Schmelzsäule kommt vorübergehend fast zum Stillstande. In solchem Falle wäre es verfehlt, durch vorzeitiges Stochern die vorher sorgfältig durchgeführte gleichmäßige Verteilung der verschiedenen Materialien im Ofen zu stören. Besteht aber kein solcher Grund zum Stillstande der Schmelzsäule, beziehentlich zur Verlangsamung ihres Niederganges, so ist sofort mit kräftigen und entsprechend langen Eisenstangen von der Gichtöffnung aus in die Schmelzsäule zu stoßen, um ihr Gefüge zu lockern. Es ist das unter Umständen eine recht mühselige Arbeit, da die Leute unter der großen strahlenden Wärme leiden. Man sorge darum in solchen Fällen für rasche Ablösung der Mannschaft, sonst muß sie bald erlahmen, und der Schaden am Ofen wird immer größer. Nur ununterbrochene Bearbeitung der Schmelzsäule beschleunigt das Freiwerden des Ofens; das Nachwerfen schwerer Eisenstücke ist während des Betriebes nicht zu empfehlen. Es nützt nicht viel und behindert nur die Wiederherstellung normalen Schmelzens nach Behebung des Übelstandes. Der Herd pflegt während einer solchen Störung meist ohnedies leer zu laufen, wodurch die wieder unmittelbar auf der Herdsohle ruhende Füllkoksschicht einem verhältnismäßig geringen Abbrande ausgesetzt ist. Das nach dem Fallen der freigewordenen Schmelzsäule unterhalb der Schmelzzone gesunkene Eisen schmilzt dort verhältnismäßig matt und das um so mehr, als während des Hängens ein Teil des Schmelzkokses verbrannt ist. Man tut daher gut, das erste nach dem Unfalle gesammelte Eisen dem Herde rasch zu entnehmen und es so gut als möglich zu verwenden oder aber es wegzuschütten, keinesfalls aber das sich bald wieder ergebende mit besserer Wärme schmelzende Eisen damit zu verderben. Ob nach dem Absturze einer hängengebliebenen Schmelzsäule eine Kokssondergicht zu geben ist, hängt von den Umständen ab, insbesondere von der durch die Düsen wahrzunehmenden Beschaffenheit der Schmelzsäule und von dem Befunde ihrer obersten Schicht vor dem Niederbruche. Im allgemeinen wird wohl hier mehr durch zu reichliche Sonderkoksgaben als durch ihre Unterlassung gesündigt. — Weitgehende Zerkleinerung des Eisens, insbesondere der Eingüsse, ist, abgesehen von gründlicher Ausbesserung des Mauerwerkes, das wichtigste Vorbeugungsmittel gegen Hängegichten.

Explosionen. Kupolofenexplosionen — die Explosion einer mit anderem Brucheisen in den Ofen gelangten noch unentladenen Granate fällt nicht unter den Begriff Kupolofenexplosion — beruhen stets auf plötzlicher Entzündung von Kohlenoxydgas, das während eines vorübergehenden Stillstandes des Gebläses in den Windmantel, unter Umständen selbst in die Windleitung und bis zum Gebläse vordringen konnte. Nach dem Wiederanstellen des Gebläses entzündet sich dann das hochexplosible Gemenge aus Kohlenoxydgas und Luft, wobei die schlimmsten Explosionen eintreten können. Es handelt sich deshalb darum, das während einer Betriebsunterbrechung angesammelte Kohlenoxydgas rechtzeitig zu beseitigen. Vor allem sind sofort nach dem Abstellen des Windes sämtliche Düsenklappen zu öffnen, damit das den Düsen entströmende Oxydgas zur Verbrennung gelange, sobald es in Berührung mit der zuströmenden Außenluft kommt. Beim Wiederanlassen des Windes müssen die Düsenverschlüsse kurze Zeit — eine halbe Minute genügt vollkommen — geöffnet bleiben, um ein etwa im Windkasten vorhandenes Gasgemenge ins Freie zu blasen. Die Schmelzer befolgen diese Vorschriften nicht gerne, einmal weil sie im Falle einer Störung aus durchaus begreiflichen Gründen nichts Eiligeres zu tun haben als sich im Gebläsehaus nach der Ursache der Windwegnahme zu erkundigen und zum andernmal, weil das Verschließen der Düsenklappen bei scharf durchströmendem Wind etwas unbequemer ist als bei noch stillstehendem Gebläse. Diese Widerstände müssen überwunden werden, da schon eine ganz kurze Betriebsunterbrechung zu folgenschweren Explosionen führen kann.

Bei Verwendung der fast geräuschlos arbeitenden Turbogebläse, die beim Anlassen gegen den geschlossenen Windschieber arbeiten, kann es vorkommen, daß der Schmelzer die vorübergehende Absperrung des Schiebers im Gebläsehaus und die dadurch bedingte Unterbrechung der Windzufuhr überhaupt nicht bemerkt und erst durch die beim Wiederöffnen des Schiebers eintretende Detonation auf die Störung aufmerksam wird. Es sollte darum an keinem Kupolofen eine wirksame Sicherungsvorrichtung gegen Gasexplosionen fehlen. In den Windverteilungskasten oder in die Windleitung eingebaute Explosionsklappen vermögen zwar die Wirkung kleinerer Explosionen zu schwächen, größeren Explosionen gegenüber haben sie sich aber völlig wirkungslos erwiesen. Zwischen die Windleitung und den Windverteilungskasten geschaltete Drosselklappen, die bei vorübergehendem Stillstand des Gebläses von Hand zu schließen sind, werden meistens nicht bedient und vermögen Ansammlungen gefährlicher Gase im Verteilungskasten nicht zu verhüten. Von zuverlässiger Wirkung sind dagegen Doppelsicherheitsventile nach Fig. 43. Sie sind im unteren Teile als Saug-(Lufteinlaß-)ventil und

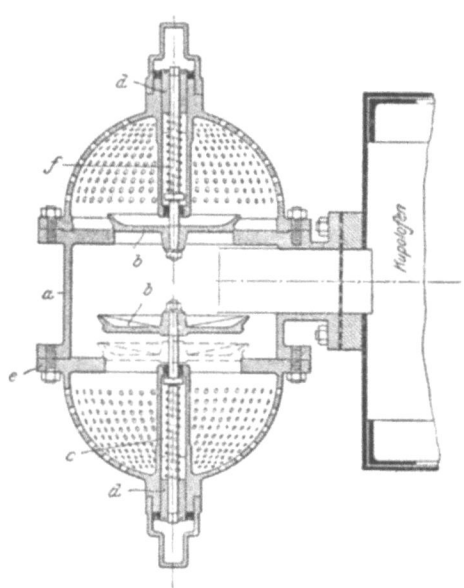

Fig. 43. Kupolofen-Sicherheitsventil.

im oberen als Sicherheits-(Luftausblas-)ventil ausgebildet. Das Ventilgehäuse a wird unter Zwischenschaltung eines den Eintritt von Fremdkörpern verhindernden Drahtsiebes an den Windkasten möglichst unterhalb der tiefstgelegenen Düse angeschraubt. Die Spiralfeder c des Unterteiles wird so eingestellt, daß der Ventilsteller b bei einem Winddrucke von etwa 200 mm Wassersäule in der Windleitung durch den Gebläsewind niedergedrückt und der Austritt von Luft verhindert wird. Sinkt der Winddruck unter das genannte Maß, was beim Abstellen des Gebläses stets der Fall ist, so können Luft und sonstige Gase ungehemmt entweichen. Die Spiralfeder f im oberen Ventile ist auf den Höchstdruck eingestellt, mit dem der Ofen arbeiten soll, so daß sich das Ventil erst bei Überschreitung dieses Druckes öffnet. Nach Anlassen des Gebläses vergeht eine gewisse Zeit, bis der zum Schließen des Saugventiles erforderliche Druck von rund 200 mm W.-S. erreicht wird, während dieser Zeit strömt ein Teil der Gebläseluft mit dem etwa im Windkasten vorhandenen Gasgemenge durch die siebartig durchlochte Haube e ins Freie. Nach Überschreitung des Mindestdruckes (200 mm W.-S.) schließt sich das Ventil und die Gebläseluft wird in ihrer gesamten Menge in den Ofen gedrückt. Nach Abstellung des Windes öffnet sich infolge des plötzlich abfallenden Druckes das Ventil, so daß nun die Außenluft ungehindert der Schmelzzone zuströmen kann. Dadurch wird das Ausströmen von Kohlenoxydgas verhindert und somit die Gefahr einer Explosion von Grund aus beseitigt. Das im Gehäuseoberteil untergebrachte Sicherheitsventil ist bei Verwendung von Ventilatoren ziemlich überflüssig. Dagegen wirkt es bei Benützung von Kapselgebläsen schonend auf diese Maschinen, da es bei eintretenden Hemmungen, z. B. Verschlackung der Düsen, einen Teil des Gebläsewindes ins Freie treten läßt und so einer Überbeanspruchung des Gebläses vorbeugt. Durch das Geräusch des austretenden Windes wird zugleich der Schmelzer auf die eingetretene Störung aufmerksam gemacht. — Die Abmessungen der Ventile richten sich nach dem lichten Durchmesser des Kupolofens, beziehentlich nach der Gebläseleistung. Der größeren Sicherheit halber empfiehlt es sich zwei kleinere Ventile anstatt nur eines genau bemessenen großen vorzusehen.

Erglühen von Teilen des Ofenmantels tritt ein, wenn das Mauerwerk so schadhaft geworden ist, daß Feuergase oder gar flüssiges Eisen unmittelbar auf den Mantel wirken können. Es ist durchaus nicht notwendig, in solchen Fällen stets den Ofen abzustellen. Für kurze Zeit (10÷15 Minuten) können fleißig erneute Umschläge von feuchtem Lehm helfen, während bei länger fortzusetzendem Betriebe der stete Strahl aus einer Wasserleitung ausgezeichnete Dienste tut. Insbesondere bei rotwerdenden Stellen oberhalb des höchsten Eisenstandes im Herde läßt sich mit Hilfe eines Wasserstrahles, der gar nicht allzu kräftig, sondern nur stetig zu sein braucht, der Betrieb mehrere Stunden lang ohne weitere Störung aufrecht erhalten. Aber auch im Bereiche des flüssigen Eisens vermag der stete Wasserstrahl ausgezeichnet zu wirken, indem unter seiner abkühlenden Wirkung das bis an die äußere Ofenwand gedrungene Eisen an derselben erstarrt und nun einen Schutz gegen weitere Schädigungen bildet. In allen derartigen Fällen ist das Hauptaugenmerk auf die Gefahr etwaigen Zerspringens gußeiserner Wände oder Bodenplatten zu richten. Wo solche droht, ist selbstredend der Wind sofort abzustellen und der Ofen zu entleeren.

X. Das Abstellen und Entleeren.

Richtiges Abstellen. Wenn der Eisenbedarf gedeckt ist und der Ofen außer Betrieb gesetzt werden soll, wird zunächst der bis dahin in vollem Umfange zugeführte Wind abgestellt. Es wird vielfach empfohlen, in der Praxis aber kaum jemals durchgeführt, gegen Ende des Schmelzens den Winddruck, d. h. die Windmenge entsprechend der niedriger werdenden Schmelzsäule zu verringern. Eine solche Windverminderung wäre auch verfehlt. Dem Ofen muß in der Zeiteinheit eine Windmenge zugeführt werden, die ausreicht, den Satzkoks am vorteilhaftesten zu verbrennen. Zur Verbrennung des letzten Kokssatzes ist dieselbe Luftmenge erforderlich wie für die vorhergehenden Sätze. Der Wind muß ferner ausreichenden Druck haben, um bis zur Ofenmitte vorzudringen. Auch diesbezüglich ändert sich für den letzten Satz nichts gegenüber den vorhergehenden Sätzen. Es wird für die letzten Sätze nicht nur kein geringerer, sondern eher ein höherer Druck benötigt, denn durch den Widerstand, den eine hohe Schmelzsäule dem Winde entgegensetzt, wird derselbe zuverlässiger bis zur Mitte dringen, als wenn er sich bei verhältnismäßig geringem Widerstande freier nach oben entwickeln kann. Man tut darum am besten, bis zum Schlusse mit unvermindertem Drucke zu blasen. Nur in Fällen, wo die Rücksicht auf Vermeidung jeglichen Funkenauswurfes allen anderen Erwägungen vorangesetzt werden muß, wird man mangels anderer Vorkehrungen zur Vermeidung des Auswurfes den Wind zum Schlusse entsprechend mäßigen. Man hat, um diese Maßregel wirksam zu gestalten, einen nicht unbeträchtlichen Rest ungeschmolzenen Eisens in den Kauf zu nehmen.

Nach dem Abstellen des Windes werden die Düsenklappen geöffnet, um keine Gase in die Windleitung gelangen zu lassen, und zugleich wird das Abstichloch zur Entnahme etwa noch vorhandenen flüssigen Eisens aufgemacht. Die Verriegelung der Bodenklappe wird gelöst und der Pfosten unter ihr mit einem langen Haken weggezogen. Bei richtiger, nicht allzu fetter Zustellung des Herd-

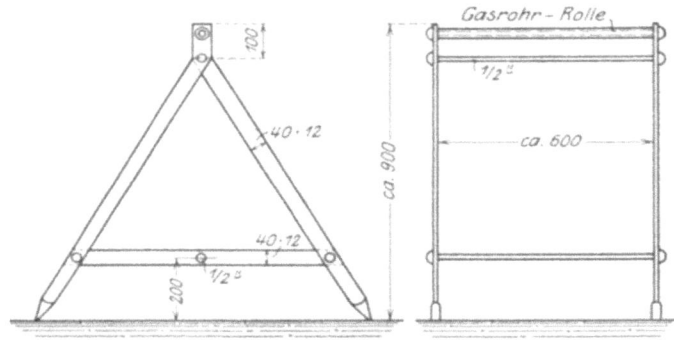

Fig. 44. Stützständer.

bodens soll dann die Klappe von selbst niederfallen; wenn das nicht der Fall ist, muß mit langen Meißeln, die zwischen die Bodenplatte und die Verschlußklappe geschoben werden, nachgeholfen werden. Es ist das immer eine gefährliche Sache, bei der sich leicht Unfälle ereignen. Besser ist es, an der Klappe eine Kette einzuhaken und mit derselben über einem am Boden vorzusehenden Widerstand die Klappe aufzureißen. Falls infolge der Bauart des Ofens das plötzliche Aufschlagen der sich öffnenden Bodenklappe Beschädigungen befürchten läßt, was insbesondere bei Vorherdöfen leicht der Fall ist, schlingt

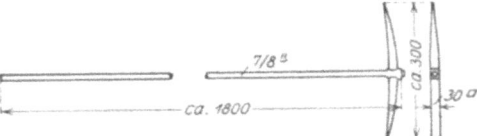

Fig. 45. Bodenhaue.

man die Kette zweimal um eine der Ofentragsäulen herum, behält sie fest in der linken Hand, schlägt mit der rechten Hand mit dem Hammer den Vorreiber oder einen anderen etwaigen Sicherheitsverschluß zurück, tritt selbst zurück und läßt nach einem kräftigen Rucke durch Nachgeben der Kette die lose gewordene Klappe langsam sinken.

Die richtigste Praxis besteht in der Verwendung eines Zustellmateriales, welches das Niederklappen der Bodentüre infolge ihres Eigengewichtes sichert.

Nach Öffnung der Bodenklappe fällt, zumindest bei größeren Öfen, der Schmelzrest unter gleichzeitiger Entwicklung einer mächtigen, aber sofort wieder verlöschenden Flamme ohne weiteres aus dem Ofen. Bei Öfen von kleinerem Durchmesser muß meist etwas nachgeholfen werden. Man stellt dazu einen schmiedeisernen Bock (Fig. 44) auf, der oben eine aus einem Gasrohre bestehende Rolle trägt, auf der eine lange Hacke (Fig. 45) hin und her geschoben werden kann, mit der man durch Niederdrücken ihres geraden Endes kräftige Stöße gegen den Boden führt. Da dieser nur aus hart gebranntem Sande besteht, bietet seine Beseitigung keine Schwierigkeit. Mitunter wird die Hacke ungefähr in ihrer Mitte an einer Kette aufgehängt und in dieser Lage durch entsprechende Handhabung des freien Endes zum Aufstoßen des Bodens benutzt. Die letzten Reste der Schmelzung werden mit Stangen beseitigt, die durch die Hintertüre und die Düsenöffnungen in den Schacht geschoben werden. Bei kleinen Öfen bleiben die Schmelzreste leicht in zusammenhängenden Massen im Schachte hängen. Man beseitigt sie, soweit wie tunlich, mit Hilfe von durch Düsen, Hintertüre und Gichtöffnung eingeführten Stangen, und wo das nicht mehr angeht, durch Einwerfen schwerer Eisenstücke von der Gichtöffnung aus.

Die ausfallende Masse ist zunächst noch halbflüssig und in diesem Zustande leicht mit Hakenstangen zu zerteilen. Man pflegt den glühenden Haufen zunächst nur gründlich auseinander zu reißen, wobei die beschäftigten Leute durch energische Benetzung der heißen Massen, die am besten mit dem Strahle einer Hochdruckleitung bewirkt wird, zu schützen sind. Die Sortierung des zerteilten Haufens in Eisen-, Koks- und Schlackenstücke erfolgt im erkalteten Zustande am nächsten Morgen. Beim Benetzen der ausgefallenen Massen hat man sich vor allzu weitgehender Wasservergeudung zu hüten, damit nicht am nächsten Tage, infolge zu großer Feuchtigkeitsrückstände beim Ausleeren, Explosionen entstehen.

In Rohrgießereien legt man wohl auch Ausschußrohre unter den Ofen, schiebt Stangen in sie hinein, die nach gelinder Abkühlung des Haufens angehoben werden, und zerteilt so die Masse in einfachster Weise.

Das Wegschaffen der Schmelzreste. Untergeschobene Wagen haben sich nicht bewährt, da die Masse in noch heißem Zustande ausgetragen werden muß, um nicht an den Kastenwänden haften zu bleiben. Auch Rostkonstruktionen, bei denen die Roste mit einem Krane angehoben wurden, versagten infolge allzu raschen Verbrauches. Am besten ist es noch immer, den Haufen von Hand zu brechen, wenn nötig unter Benützung von Eisenstangen, Meißeln und Hämmern, Eisen und Schlacke auszulesen und die Schlacke wegzuführen. Bereits in mittleren Betrieben lohnt es sich, diese Schlacke in einem Brechwerk oder mit Pochstempeln zu zerkleinern, um danach in Scheuertrommeln mit selbsttätiger Austragung des tauben Materiales die Eisenrückstände zurück zu gewinnen.

In jüngster Zeit hat man verschiedentlich unterhalb der Kupolöfen einen Keller angeordnet, in den die Schmelzreste nach Öffnung der Bodenklappen fallen, ohne im Gießerei- oder Ofenhausraume irgendwie störend zu wirken. Im Keller ist unmittelbar unter jedem Kupolofen ein durch eine eiserne Türe zugänglicher schachtartiger Raum durch Mauern abgeteilt, in den der Ofenausfall stürzt. In der Türe befindet sich eine kleine runde Öffnung, durch die das Strahlrohr eines Hydranten geschoben werden kann, um die glühende Masse sofort abzulöschen. Am nächsten Tage kann sie dann leicht zerkleinert, ausgeklaubt und wieder ohne jede Belästigung des übrigen Betriebes, mittels des bis auf die Kellersohle reichenden Kupolofenaufzuges weiter befördert werden.

Dämpfen des Kupolofens. Die Zeitdauer, in der man den Wind eines in Betrieb befindlichen Kupolofens abstellen kann, hängt ganz von der Verfassung ab, in der sich der Ofen befindet. Nach längerer Schmelzung, wenn der Schacht schon gründlich verschlackt ist, oder gar, wenn er nur noch zum kleineren Teile gefüllt ist, ist eine nennenswerte Unterbrechung der Windzufuhr stets gefährlich. Es können dann schon 10 Minuten genügen, um die gute Beendigung der Schmelzung auszuschließen. Während des Stillstandes verschließt die rasch breiig und zäh werdende Schlacke die wenigen Hohlräume, durch die der Wind noch ins Innere der Schmelzsäule drang und nach seiner Wiederanstellung erstarren die bis dahin weich gebliebenen Eisen-, Koks- und Schlackenmassen vollends. Es ist darum bei Störungen, die gegen Ende einer Schmelzung eintreten, immer das Beste, rasch entschlossen ganz abzustellen, die flüssigen Bestandteile abzustechen und den verbleibenden noch weichen Rest durch die geöffnete Bodentüre zu entleeren.

Ist dagegen das Schmelzen erst kurze Zeit im Gange, befindet sich die Schmelzsäule noch in guter Ordnung und bestehen insbesondere keine Höhlungen infolge Hängenbleibens, so kann der Wind für verhältnismäßig sehr lange Zeit — es gibt Beispiele bis zu 10stündigen derartigen Unterbrechungen — weggenommen werden. Nach Abstellung des Windes öffnet man die Düsenverschlüsse, stampft sämtliche Düsen mit frischem Formsand möglichst fest zu, öffnet etwa 10 Minuten nach Wegnahme des Windes das Abstichloch, läßt alles Eisen mitsamt aller flüssigen Schlacke ablaufen und schließt den Abstich mit einem recht mürben Pfropfen. Währt die Unterbrechung voraussichtlich nicht länger als eine Stunde, so beläßt man die obere Abschlußfläche der Schmelzsäule in dem Zustande, in dem sie sich eben befindet, während bei voraussichtlich länger währender Unterbrechung ihre Abdeckung mit einer Schicht kleinstückigen Kokses und darüber einer dünnen Lage von Holzkohlenlösche zu empfehlen ist.

Zur Wiederanstellung des Ofens werden das Abstichloch und sämtliche Düsen frei gemacht und nach Verlauf von etwa 10 Minuten, während welcher Zeit etwa angesammelte explosible Gase entweichen können, der Wind angelassen. Man bläst eine halbe Minute bei offenen Schaulöchern — zwecks Reinigung des Windkastens von Gasen —, schließt dann die Schaulöcher, beläßt aber das Abstichloch bis zum Erscheinen des ersten Eisens offen und verfährt dann weiter genau so, wie bei normaler Ingangsetzung einer Schmelzung.

Kleinere Kupolöfen können nach kurzen Schmelzungen ohne vorhergehende Öffnung der Bodenklappen und Entleerung der Schmelzreste über Nacht im Feuer gehalten werden, vorausgesetzt, daß die Schlacke gehörig in Fluß gehalten und stets rechtzeitig abgestochen wurde. Nach Beendigung des Schmelzens und gründlichem Abstiche des letzten Eisens und aller Schlacke, gichtet man einen frischen Satz Koks, der zuverlässig bis über die obere Grenze der Schmelzzone reichen muß, gibt darauf reichlich Kalk, um erstarrte Schlackenreste zu verflüssigen, schließt die Düsen, läßt aber den Abstich offen, damit etwas Luft zur Instandhaltung der Glut zuströmen kann. Am nächsten Morgen setzt man wie gewöhnlich, läßt genügend Zeit zur Vorwärmung der Sätze und stellt den Wind an. Es schmilzt vor allem der Kalk, und die entstehende dünnflüssige Schlacke reinigt den Herd von etwaigen Ansätzen aus dem vortägigen Betriebe. Bei den ersten Abstichen ist das Vorhandensein dieser Schlackenmenge zu berücksichtigen. — Diese Praxis ist insbesondere in kleineren Betrieben Amerikas stark verbreitet, sie spart Brennmaterial und Löhne, ist aber mit Vorteil nur in Fällen anwendbar, in denen das Ofenfutter weder durch zu lange Schmelzung erweicht, noch durch mangelhafte Schlackenführung zu sehr verschlackt wurde.

XI. Der Windbedarf.

Windmenge. Zur Erzielung eines guten und gleichmäßigen Schmelzganges ist die Zuführung einer ausreichenden Menge von Verbrennungsluft gleichmäßig über den ganzen Querschnitt des Schmelzschachtes in der Windeinströmzone erforderlich. Luftüberschuß wirkt ebenso schädlich wie Luftmangel. Mit zunehmendem **Luftüberschuß** steigt die Gasmenge für 1 kg Brennstoff; nach

Überschreitung einer gewissen Grenze nimmt die Verbrennungstemperatur und mit dieser die Ofentemperatur ab und zudem werden beträchtliche Wärmemengen zur Erhitzung des überschüssigen Gasgemenges verbraucht. Bei **Luftmangel** ist die Verbrennung ungünstig. Es entsteht in reichlicher Menge Kohlenoxyd und die gebildete Kohlensäure wird leichter unter der Wirkung des glühenden Kokses vnd des schmelzenden Eisens zu Kohlenoxyd zersetzt

$$(CO_2 + Fe = CO + FeO \text{ und}$$
$$CO_2 + C = 2 CO),$$

was beträchtliche Wärmeverluste zur Folge hat. Da sich die Verbrennungszone nicht verbreitern läßt, ohne das Verbrennungsverhältnis ungünstig zu beeinflussen, so entspricht jedem Kupolofenquerschnitte eine bestimmte Windmenge, die weder über- ncch unterschritten werden kann, ohne schädliche Folgen zu zeitigen. Auf Grund praktischer Erfahrung und theoretischer Untersuchungen kann eine Windmenge von etwa 100 m³ in der Minute für je 1 m² lichten Schachtquerschnittes in der Schmelzzone als bestgeeignet zur Herbeiführung eines guten Verbrennungsverhältnisses gelten.

Zahlentafel 4. Windmenge und Windpressung bei verschiedenem Ofendurchmesser.

Lichter Schachtdurchmesser	Schachtquerschnitt in Düsenzone	Minutliche Windmenge	Windpressung (Wassersäule)
mm	m²	m³	mm
500	0,1964	24	266
600	0,2827	34	341
700	0,3848	46	397
800	0,5026	60	454
900	0,6362	76	510
1000	0,7854	94	568
1100	0,9503	114	624
1200	1,1310	136	682

Zahlentafel 5. Schmelzleistung bei feststehender Windmenge und verschiedenen Satzkoksprozenten.

Lichte Weite des Kupolofens	Ofenquerschnitt	Windmenge für 1 Minute in m³		Schmelzleistung in der Stunde bei Satzkoks vor		
		Ofenwind	Gebläsewind			
mm	m²	abgerundet		8%	9%	10%
500	0,1964	20	24	1500	1330	1200
600	0,2827	28	34	2100	1900	1700
700	0,3848	38	46	2900	2600	2300
800	0,5026	50	60	3700	3300	3000
900	0,6362	64	76	4800	4200	3800
1000	0,7854	79	94	5900	5200	4700
1100	0,9503	95	114	7100	6300	5700
1200	1,1310	113	136	8500	7500	6800

Wird einem Kupolofen in der Zeiteinheit eine feststehende Luftmenge zugeführt, so kann in ihm in derselben Zeit nur eine unveränderliche Koksmenge von derselben Beschaffenheit verbrannt werden. Je rascher diese Verbrennung erfolgt, um so höher wird die Temperatur in der Schmelzzone und in der Folge um so hitziger das erschmolzene Eisen. Die Verbrennungszeit des Kokses hängt von seiner chemischen und physikalischen Beschaffenheit (Kohlenstoff- und Aschengehalt, Porosität, Trockenheit und Stückgröße) ab. Guter Koks läßt sich rascher als schlechter Koks verbrennen; die Temperatur des geschmolzenen Eisens ist darum in erster Linie von der Koksqualität abhängig; durch Veränderung der dem Ofen zugeführten Windmenge, läßt sich diesbezüglich nur innerhalb sehr enger Grenzen ein günstiger Einfluß ausüben. Zahlentafel 4 (Seite 40) gibt die auf Grund vorstehender Ausführungen den verschiedenen Schachtdurchmessern entsprechenden Windmengen an, wobei etwa 20% für Windverluste auf dem Wege vom Gebläse bis zur Düsenmündung in Rechnung gezogen wurden. Zahlentafel 5 (Seite 40) weist die durchschnittliche Schmelzleistung bei feststehender Windmenge und verschiedenem Koksprozentsatze nach.

Durch Zuführung größerer Windmengen läßt sich freilich die Schmelzleistung in der Zeiteinheit steigern, es wird aber unfehlbar dabei wesentlich mehr Koks verbraucht und matteres Eisen erschmolzen. Dieser Vorgang kann an Stahlwerkskupolöfen, die manchenorts ohne Rücksicht auf Koksverbrauch und Hitzigkeit des Eisens betrieben werden, gut beobachtet werden. Der Koks vor den Düsen solcher Öfen erscheint völlig schwarz, da das Übermaß von Wind zunächst nur abkühlend wirkt. Erst wenn sich der Wind beim Aufstieg in eine höhere Zone auf einige hundert Grad erwärmt hat, vermag die Verbrennung des Kokses einzusetzen. Infolgedessen wird die Verbrennungszone auseinander gezogen, sie wird höher (breiter) und damit das Verbrennungsverhältnis ungünstiger.

Bei Zuführung von zu wenig Wind tritt das Gegenteil ein, die Düsen erstrahlen zwar in heller Weißglut, die Schmelzleistung geht aber auch hier wieder zurück, ohne daß damit eine Verminderung des Koksaufwandes Hand in Hand ginge. Der Prozentsatz des Schmelzkokses, bezogen auf die Gewichtseinheit geschmolzenen Eisens, wird auch in diesem Falle größer werden, und zugleich fällt die Schmelzleistung in der Zeiteinheit ganz erheblich.

Unter Zugrundelegung der in Zahlentafel 4 angegebenen Werte wird bei richtig bemessener Füllkokshöhe und Satzgröße leicht vor den Düsen helle Gelbglut erreicht und damit die günstigste Schmelzwirkung erzielt werden.

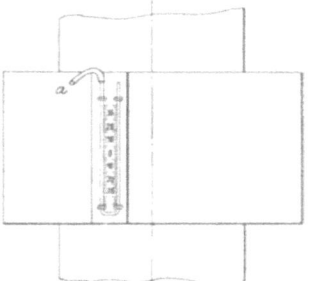

Fig. 46. Einfacher Winddruckmesser.

Die Windpressung ist hauptsächlich vom lichten Schachtdurchmesser abhängig. Je größer dieser ist, desto höher muß, damit der ganze Querschnitt des Ofens in der Einströmzone gleichmäßig mit Wind versehen wird, der Druck werden. Wenn p die Windpressung in Millimeter Wassersäule, W die minutliche Windmenge in Kubikmeter bedeuten, so ist $p \approx 64 \sqrt{W}$. Bei Zugrundelegung einer minutlichen Windmenge von 100 m³ für 1 m² Schachtquerschnitt kann gesetzt werden $p \approx 64 \sqrt{100\,Q}$, wobei Q den Ofenquerschnitt in m² bedeutet Es ergeben sich dann bei verschiedenem Schachtdurchmesser die in Zahlentafel 4 zusammengestellten Windpressungen.

XII. Windmessung.

Statischer Druck. Bei richtigen Abmessungen des Kupolofenschachtes und sämtlicher Windzuführungsquerschnitte, ordnungsmäßigem Betriebe und Zuführung der dem Schachtquerschnitte entsprechenden Windmenge stellen sich die in der Zahlentafel 4 angegebenen Werte von selbst ein. Unter sonst gleich bleibenden Verhältnissen vermag darum ein Wechsel des Winddruckes Aufschlüsse über den Verlauf des Schmelzens oder die Tätigkeit des Gebläses zu geben. Der statische Druck wird am besten und einfachsten mit einem in der Nähe des Ofens angebrachten Winddruckmesser oder Manometer bestimmt. Seine Einrichtung ist äußerst einfach. Auf einem Holzbrett wird eine Skala angebracht, die sofort abgelesen werden kann, und davor ein U-förmig gebogenes Rohr befestigt, dessen einer Schenkel am Ende rechtwinklig umgebogen ist. Das Rohr füllt man mit Wasser, so daß es im Gleichgewichtszustande genau bis zum Nullpunkt der Skala reicht. Dann verbindet man ein in die Windleitung geschraubtes Röhrchen mittels eines Gummischlauches mit dem umgebogenen Schenkel des Glasrohres und kann nun ohne weiteres an der Skala den in der Leitung herrschenden Druck ablesen. Fig. 46 zeigt einen Druckmesser der beschriebenen einfachen Art, Fig. 47 ein Instrument zum dauernden Selbstaufzeichnen des Druckes.

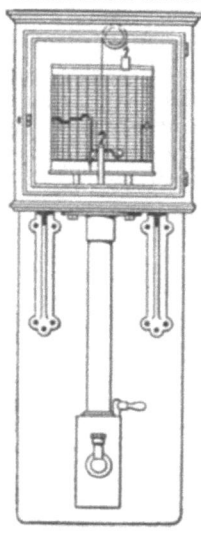

Fig. 47. Selbstaufzeichnender Druckmesser.

Fig. 48. Anordnung der Pitotrohre.

Dynamischer Druck. Die Feststellung des statischen Druckes gibt nur wenig zuverlässige Anhaltspunkte zur Beurteilung der dem Ofen zugeführten Windmenge. Entsteht dem Winde durch irgendein Vorkommnis ein erheblicher Widerstand, z. B. durch Verschlackung der Düsen, so wird bei Verwendung eines Kapsel- oder Kolbengebläses die zuströmende Windmenge gleich bleiben, der statische Druck aber gewaltig steigen, während bei Verwenduug eines Ventilators der Druck gleich bleibt, die Windmenge aber zurückgeht. Es kommt daher darauf an, den dynamischen Druck, d. i. die Differenz zwischen Gesamtdruck und statischem Druck und durch ihn die dem Ofen ständig zugeführte Windmenge zu bestimmen, wenn zuverlässige Schlüsse auf den Schmelzverlauf und die Gebläsetätigkeit gewonnen werden sollen.

Die Messung des dynamischen Druckes kann mit Pitotröhren, mit einer Stauscheibe, einem Staurohr oder mit einem Venturirohr erfolgen. Pitotrohre sind rechtwinklig gebogene Röhrchen, die so in der Windleitung angebracht werden, daß ein Schenkel (A Fig. 48) gegen den Strom, der andere B mit dem Strome gerichtet ist. Ist in der Leitung ein statischer Druck von p mm W.-S. und eine Geschwindigkeit von v m in der Sekunde vorhanden, so wird in dem gegen den Strom gerichteten Rohr ein Druck $= p + \dfrac{v^2}{2g}\gamma$ herrschen. Hierin bezeichnet g die Beschleunigung der Erdschwere, γ das spezifische Gewicht der Luft. In dem mit dem Strom gerichteten Rohr tritt ein Druck $= p - c\dfrac{v^2}{2g}\gamma$ auf; c bedeutet eine Konstante, die bei glatten geraden Röhren 1,37 beträgt. Werden beide Röhren mit einem Geschwindigkeitsmesser verbunden, so fällt der statische Druck aus, und es wird der dynamische h gemessen:

$$h = p + \frac{v^2}{2g}\gamma - p + C\frac{v^2}{2g}\gamma = (1 + C) \cdot \frac{v^2}{2g}\gamma,$$

woraus die Windmenge W nach der Formel $W = f \sqrt{\dfrac{2gh}{1,37\,\gamma}}$ berechnet wird.

Dynamischer Druck.   43

In der letzten Formel bedeutet W die Windmenge in der Sekunde, bezogen auf den Zustand an der Meßstelle und f den Querschnitt der Meßstelle in m². Bei Messungen mit Pitotröhren ist zu beachten, daß die Geschwindigkeit an verschiedenen Stellen desselben Querschnittes ungleich ist und im allgemeinen von der Wandung nach der Mitte hin zunimmt. Man muß daher beim Einbau der Rohre erst durch Versuche die Stelle der mittleren Geschwindigkeit feststellen, ehe man die Rohre endgültig befestigt. In der Nähe der Meßstelle darf sich auch kein Regulierschieber befinden, da sich dort die Geschwindigkeitsverteilung beträchtlich verschieben kann.

Bei der Messung mit Stauscheibe wird zwischen zwei Flanschen eine dünne Blechscheibe von etwa 1÷2 mm Wandstärke eingeschaltet (Fig. 49) und der Druckunterschied vor und hinter dem Staurand ermittelt. Dieser Druckunterschied ist proportional dem Quadrat der Geschwindigkeit. Bezeichnet man den Druckunterschied mit h_1 (in mm W.-S.), so kann die Windmenge nach der

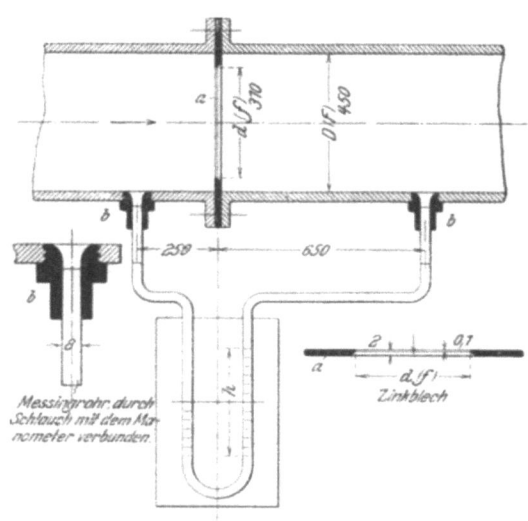

Fig. 49. Anordnung zur Stauscheibenmessung.

Formel $W = k \cdot f \cdot \sqrt{\dfrac{2gh}{a}}$ ermittelt werden. k bedeutet einen Koeffizienten, der festzustellen ist aus $k = \dfrac{1 - m\alpha}{\alpha}$ worin α den Kontraktionskoeffizienten und m das Querschnittsverhältnis des Drosselscheibenausschnittes d zur Windleitung D bezeichnen. Infolge der Schwie-

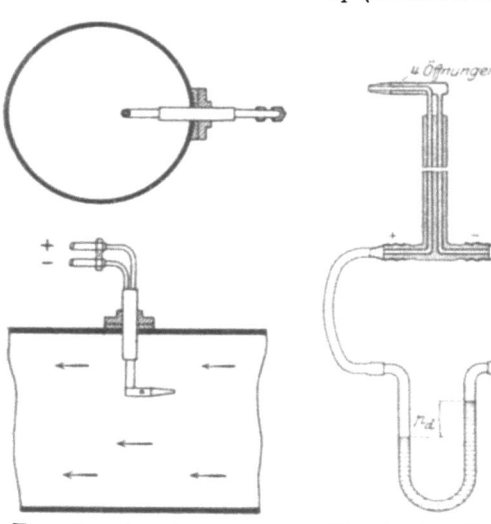
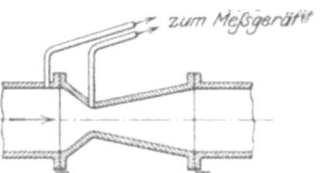

Fig. 50. Anordnung zur Staurohrmessung.   Fig. 51. Anschluß eines Wasserschenkels.   Fig. 52. Anordnung zur Messung mit Venturirohr.

rigkeit, den Koeffizienten k zutreffend zu ermitteln, eignet sich diese Bestimmungsart mehr zu vorübergehenden Beobachtungen während des Betriebes, als zur dauernd genauen Bestimmung der dem Ofen tatsächlich zugeführten Windmenge.

Fig. 50 zeigt die Anbringung eines **Staurohres** zur Windmengenmessung und Fig. 51 läßt das Staurohr selbst in seinen grundlegenden Einzelheiten erkennen. Der mit + bezeichnete Schenkel mißt den Gesamtdruck, der mit — versehene Schenkel den statischen Druck. Die Differenz beider ergibt den dynamischen Druck. Beim Staurohr muß aus den gleichen Gründen wie bei den Pitotröhren die Stelle mittleren Druckes erst gesucht werden. Zunächst ist es notwendig, das Staurohr genau senkrecht in das Windleitungsrohr zu bringen (Fig. 50), wozu eine Führungsstopfbüchse vorgesehen ist. Dann schiebt man das Staurohr in Abschnitten von etwa je 10 mm in das Rohr, bis der mittlere dynamische Druck festgestellt ist. Das Staurohr läßt sich auch mit einem selbstaufzeichnenden Instrumente in Verbindung bringen, das den dynamischen Druck und somit das Luftvolumen in der Zeiteinheit fortlaufend angibt [1]).

Eine in Amerika verbreitete und in jüngster Zeit auch in Deutschland benutzte Messungsart erfolgt mit Hilfe einer Doppeldüse, des sogenannten **Venturirohres** (Fig. 52). Hier wird der statische Druck an der weitesten und engsten Stelle der Düse bemessen. Bezeichnen p_1 und p_2 die Drucke in mm W.-S., v_1 und v_2 die Geschwindigkeiten in m/s, f_1 und f_2 die Querschnitte, so ist $p_1 + \dfrac{v_1}{g_2}\gamma = p_2 + \dfrac{v_2}{2g}\gamma$ und $v_2 = v_1 \dfrac{f_1}{f_2}$, woraus sich der dynamische Druck h $p_1 - p_2 = \dfrac{v_1}{2g}\gamma\left(\dfrac{f_1}{f_2}+1\right)$ ergibt. Diese Formel gilt nur für geringen Druckabfall, wobei die Temperatur als unveränderlich angenommen werden kann. Bei Einschnürungen, die um ein Vielfaches kleiner sind als der Rohrleitungsmesser, wäre die Gleichung von Grashof zu benutzen. Die Windmenge in m³/s ergibt sich aus der Formel $W = f \cdot \sqrt{\dfrac{2gh}{\gamma}} \cdot \dfrac{f_1}{f + f_1}$.

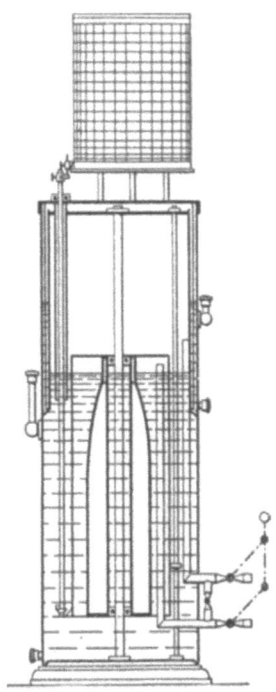

Fig. 53. Hydrodruckmesser.

Die in den Figg. 49 und 51 ersichtliche Anordnung eines Wasserschenkels kann ganz ähnlich bei der Messung mit Pitotröhren oder mit dem Venturirohr getroffen werden. Sie läßt jede Schwankung der dem Kupolofen zugeführten Windmenge auf den ersten Blick erkennen, gibt aber kein Bild der dauernd zuströmenden Windmenge. Ein solches läßt sich nur mit Hilfe selbstaufzeichnender Druckmesser gewinnen. Es sind deren verschiedene Ausführungen im Gebrauche, die nicht alle dauernd gleich gute Dienste tun. Gut bewährt haben sich **Hydro-Druckmesser** nach Fig. 53 [2]). Das Instrument besteht aus einem teilweise mit

---

[1]) Derartige Volumenmesser werden unter anderem geliefert von der Hydroapparate-Bauanstalt in Düsseldorf und von der Apparatebauanstalt Paul de Bruyn in Düsseldorf. Einfache Staudoppelrohre (nach Brabbée) liefert samt den dazu gehörigen Manometern u. a. die Firma G. A. Schulze, Berlin-Neukölln, Lichtenraderstraße 32.

[2]) Ausgeführt von der Hydroapparate-Bauanstalt in Düsseldorf.

Wasser gefülltem Gefäße, das durch eine Wassertasse luftdicht abgeschlossen ist. Der Druck an den Abnahmestellen in der Windleitung wird durch Rohrleitungen über und unter eine Schwimmerglocke übertragen, die infolgedessen gehoben wird, bis ihr durch das Austauchen größer gewordenes Gewicht den verschiedenen Drucken das Gleichgewicht hält. Ein Zeichenstift geht mit der Glocke auf und ab und überträgt die dem Druckverhältnis entsprechende Bewegung des Flüssigkeitsspiegels auf eine Schaulinientrommel, die durch ein Uhrwerk um ihre Achse gedreht wird.

Zu allgemeinen Vergleichen müssen die aus den Schaulinien ermittelten Windmengen auf einen Normalzustand, z. B. 0^0 und 780 mm Barometerstand oder auf irgend eine andere Grundlage bezogen werden. Hierfür bedient man sich entsprechend ausgearbeiteter Kurventafeln, die mit den Instrumenten geliefert werden und von denen die gesuchten Werte ohne weiteres abzulesen sind.

Gebläse. Das Gebläse soll möglichst genau auf die erforderliche Windmenge einstellbar sein. Ein zu großes Gebläse ist ebenso unwirtschaftlich, wie eines von zu geringer Leistungsfähigkeit. Ein zu kleines Gebläse nützt die Leistungsfähigkeit des Ofens nicht genügend aus, während ein zu großes einen Teil des Schmelzkokses zwecklos verbrennt und erhebliche Verluste durch unnötig hohen Abbrand bewirkt. Die bei Gebläsen von zu großer Leistungsfähigkeit gebräuchliche Aushilfe, durch Öffnung einer Nebenklappe den Luftüberschuß entweichen zu lassen, kommt über eine zwecklose Kraftvergeudung nicht hinweg. Hat bei der Auswahl des Gebläses ein Mißgriff stattgefunden und verfügt man infolgedessen dauernd über eine zu große Menge von Gebläseluft, so ist es unzweifelhaft verfehlt, diese Verluste dauernd in den Kauf zu nehmen, anstatt durch Auswechslung einer oder zwei Riemenscheiben mit einmaligen verhältnismäßig

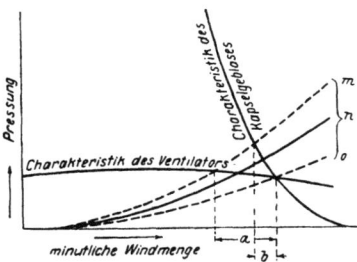

Fig. 54. Charakteristik verschiedener Gebläsearten.

geringen Kosten Ordnung zu schaffen. Am besten ist es, das Gebläse mit veränderlicher Umdrehungszahl zu betreiben. Das kann durch Verwendung eines Antriebselektromotors mit Schaltung auf veränderliche Drehzahl oder durch einen Riemenantrieb mit veränderlichem Übersetzungsverhältnis, z. B. mit konischen Trommeln oder mit Stufenscheiben geschehen.

Eine genaue Bestimmung der Windmenge gibt ohne weiteres Aufschluß über die Eignung des Gebläses. Die Beschaffung eines zuverlässigen Windmengenmessers kann sich unter Umständen allein durch richtige Einstellung des Gebläses in kurzer Zeit bezahlt machen.

Ventilatoren und Kapselgebläse haben sich bei regelrechtem Betriebe annähernd gleich gut bewährt. Im Falle von Störungen, wie Hängegichten oder starker Verschlackung der Düsen, bewähren sich aber Kapselgebläse besser als Ventilatoren, da sie auch in solchen Fällen gleichmäßigere Windmengen liefern. Fig. 54 zeigt die Charakteristiken des Kupolofens, der Kapselgebläse und der Ventilatoren. Unter Charakteristik des Kupolofens ist dabei jene Kurve zu verstehen, die den Druckwechsel in der Windkammer des Ofens bei zunehmender Windmenge angibt, während als Charakteristik des Gebläses die Kurve verstanden wird, die das Verhältnis zwischen gelieferter Windmenge und Mündungspressung bei gleichbleibendem Widerstande und gleicher Umlaufgeschwindigkeit angibt. Der Schnittpunkt der Ofen- und der Gebläsecharakteristik zeigt den Druck und die tatsächlich dem Ofen zugeführte Windmenge an. Wie das Schaubild zeigt, ist innerhalb gleicher Grenzwerte des Ofenwiderstandes beim Betriebe mit Kapselgebläsen, die dem Ofen zugeführte Windmenge bedeutend gleichmäßiger als beim Arbeiten mit Ventilatoren.

XIII. Die Betriebsaufschreibungen.

Die Aufschreibungen eines ordnungsmäßig geführten Schmelzbetriebes erstrecken sich auf die Feststellung des jeweiligen Bedarfes an flüssigem Eisen, sowohl der Menge wie der Art nach, auf die Schmelzanweisung für den Schmelzmeister oder Ofenvorarbeiter und auf den Nachweis des täglichen Schmelzverlaufes. Weiter sind Buchungen über die Gattierung und deren Ergebnisse, über die Lagerbestände und betreffs der Selbstkosten zu führen.

Bedarfsaufnahme, Schmelzanweisung und Schmelzbericht. Zur Feststellung des täglichen Bedarfes an geschmolzenem Eisen ist ein Buch zu führen mit dem Vordrucke nach Fig. 55.

Eisenbedarf am ....

Former		Ware	Masch. Eisen kg	Poterie kg	Zyl.- Eisen kg	Kolben- Eisen kg	Großguß- Eisen kg			Bemerkung
Mayer	12	Tischgestelle	440							
Müller I u. Co.	40	Topfformen		520						
Stumpf	1	Dampfzyld.			840					
Herz		Kleinguß	260							
Klee	180	Deckel		200						
Ederhof	4	Kurbelgeh.	240							
Gans	2	Ständer Nr. 206					2 060			Ab 3h 20m gießbereit
Müller II	16	Kolben				320				
Haagen u. Co	180	Büchsen				1 800				
Durrer	4	Böcke Nr. 83	280							
Niemann		Versch. Mittelguß	410							
Grün u. Co.	28	Sparherdplatt.		1 800						Soll möglichst spät gießen
Bechstein	12	Gehäuse Nr. 93	480							
Donner		Poteriekleinguß		380						
Benson u. Co.	1	Schabotte					12 000			Jederzeit gießbereit
Stellwag	82	Kolbenringe				820				
Wirth	14	Herdgußplatten	1 240							
		Summe	3 350	2 900	840	2 940	14 060			

Erstes Eisen nicht vor 2h 30m erwünscht.   Gießermeister
Unterhausen, den ....

Fig. 55. Ausgefüllter Vordruck für die tägliche Eisenbedarfsaufnahme.

Der Meister oder ein anderer genügend zuverlässiger Beamter geht morgens von Former zu Former, stellt fest, welches und wieviel Eisen ein jeder brauchen wird und trägt die betreffende Ziffer an richtiger Stelle ein. Da die Namen der Former bereits vorher in der Kanzlei in das Buch eingetragen werden, erfordert diese Zusammenstellung wenig Zeit; selbst in sehr großen Betrieben kann sie in längstens 30 Minuten erfolgen, und sie hat noch das Gute, den Meister oder Betriebsleiter über die Arbeitslage genau zu unterrichten. Bei besonders großen Stücken empfiehlt sich auch ein Vermerk betreffs der Zeit, bis zu welcher sie zuverlässig gießbereit sein werden. Das Buch wird nach vollzogener Eintragung im Betriebsbüro abgegeben, die eingetragenen Vermerke bilden die Grundlage für den sofort aufzustellenden **Schmelzplan** (Fig. 56, der möglichst frühzeitig dem Ofenvorarbeiter zuzustellen ist. Über den tatsächlichen Schmelzverlauf, der naturgemäß entsprechend den im Verlaufe der Schmelzung sowohl in der Gießerei wie am Ofen eintretenden Vorkommnissen

Schmelzplan für Kupolofen Nr. II am 30. 11. 21.

Anheizen 9 h 30 min   Füllkoks 300 kg
Setzen 11 „ — „   Kalk je Satz 20 „
Wind an 1 „ 30 „   Winddruck 600 cm

Sätze	Lux III Stapel 1	Lux III Stapel 2	Donnersmark Stapel 3	Bremen Stapel 4	Bremen Stapel 5	Deutsch I Stapel 6	Deutsch III Stapel 8	Wilkowitz I Stapel 10	Wilkowitz I Stapel 11	Einguss o. Zylinder	Einguss gewöhnlich	Grob. Masch.-Bruch	Poterie	Nähmasch.-Bruch
15 Maschineneisen I		150				50			50		50	150		
8 Zylinder			150						150	100	50	50		
4 Großguß				200			150					200		
4 Maschineneisen II			50				100					100		50

Bemerkungen: Bessere Achtung auf Schlackenentnahme, häufigere Schlackenabstiche!

Durchwegs 45 kg Koks von Schuppen II.
Vom Zylinder- und vom Großgußeisen je 2 Schreckschalen- und 2 Stabproben. Entnahme der Proben beim Abstiche des 4. Zylinder- beziehentlich des 2. Großgußsatzes.

Fig. 56. Ausgefüllter Schmelzplan.

Schmelztag: **14. 7. 21.**   **Schmelzbericht.**   Ofen Nr. *II.*

Anheizen: *10ʰ 45ᵐ*	Wind anstellen: *1ʰ 50ᵐ*	Letzter Satz: *4ʰ 50ᵐ*
Setzen: *11ʰ 30ᵐ*	Erstes Eisen: *1ʰ 54ᵐ*	Wind ab: *5ʰ 40ᵐ*
Füllkoks: *320 kg*	Füllholzkohle: *50 kg*	

	Roheisen						Bruch			Trichter	Zusätze	Koks	Kalk
	Krupp	Alt-Herd.	Siegener M.	Konkordia	Lux III	Deutsch III	Zylinder	Masch.	Pot.				
12 Satz Zylindereisen 150 Krupp 80 Alt-Herd. 70 Siegener M. 100 Zylinder-Bruch 50 Eingüsse ――― 450 }45 kg Koks / 15 kg Kalk	1800	960	840				1200			600		540	180
10 Satz Maschineneisen 160 Krupp 100 Konkord. 40 Alt-Herd. 50 Eingüsse 100 gewöhnl. Bruch ――― 450 }45 kg Koks / 15 kg Kalk	1600	400		1000			1000	500				450	150
4 Satz Schwereisen 200 Deutsch III 150 Masch.-Bruch 100 Eingüsse ――― 450 }45 kg Koks / 15 kg Kalk						800		600	400			180	60
8 Satz Maschineneisen II 150 Deutsch III 150 Luxbg. III 100 Masch.-Bruch ――― 450 }45 kg Koks / 15 kg Kalk					1200	1200		800				315	105
Gesamtschmelzung kg	1800	1360	840	1000	1200	2000	1200	2400		1500		1485	495

Gesamt-Koksverbrauch: *1805*   % *12,60* ⎫
„   Holzkohlenverbrauch: *50*   % *0,35* ⎬ *12,95*
„   Schmelzdauer vom ersten Eisen bis zum Abstellen des Windes . . . . . .   Schmelzleistung je Minute *6,2* kg
Zeit vom letzten Satz bis Wind ab: *50 min*

Bemerkungen: ....

Fig. 57. Ausgefüllter Vordruck für den Schmelzbericht.

Satzanzeige während des Schmelzens.

vom Schmelzplane häufig mehr oder weniger abweichen wird, gibt der täglich für jeden Kupolofen gesondert zu erstattende Schmelzbericht (Fig. 57, S. 48) Aufschluß.

Satzanzeige während des Schmelzens. Heute werden noch in vielen Fällen, die in den Ofen geworfenen Sätze durch Kreidestriche auf einer Tafel vermerkt, am Ende der Schmelzung zusammengezählt und daraufhin im Schmelzberichte eingetragen. Damit wird einzig eine sehr rohe Grundlage zur Selbstkostenermittlung geschaffen, den Betriebsbedürfnissen aber sehr wenig gedient, insbesondere, wenn es sich um Schmelzungen mit verschiedenen Gattierungen handelt. In solchen Fällen ist es unbedingt nötig, den Gießermeister fortdauernd am Laufenden darüber zu halten, welcher Satz eben am Schmelzen ist, da er nur dann das Eisen sachgemäß den Formern zuteilen kann. Das einfachste Verfahren zur Erfüllung dieses Zweckes besteht in der Anzeige eines jeden in den Ofen geworfenen Satzes derart, daß sie am Ofenabstiche deutlich erkennbar ist, z. B. durch Ausstecken fortlaufender Nummern vom Setzboden aus. Faßt der Ofen beispielsweise 8 Sätze, und ist das erste flüssige Eisen wenige Minuten nach dem Anstellen des Windes erschienen, so zeigt das Ausstecken der Nummer 9 an, daß nun der Satz 1 abgestochen werden kann. Erscheinen noch die Nummern 10 und 11 vor dem Abstiche, so weiß man beim Erscheinen der Nummer 12, daß der Herd eine Eisenmenge entsprechend den Sätzen 1, 2 und 3 enthält. Da auch die normale Durchsatzzeit bekannt ist, läßt das Erscheinen der Nummer des letzten Satzes, die in irgendeiner Weise, etwa durch eine

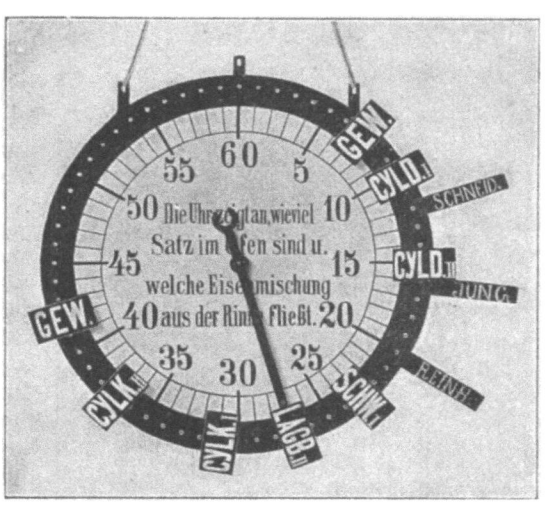

Fig. 58. Satzanzeiger nach Neufang.

grelle Umrahmung, zu kennzeichnen ist, erkennen, wie lange noch Eisen zur Verfügung stehen wird, und um welche Mengen es sich dabei handelt. In nächster Nähe des Abstiches wird eine Tafel ausgehängt, auf der gut sichtbar die Reihenfolge der Sätze und die Reihenfolge der Gießer vermerkt ist, in der diese das flüssige Eisen empfangen sollen. Mit solcher Einrichtung kann man zur Not zurecht kommen, es bedarf aber scharfer Aufmerksamkeit, um Irrungen zu vermeiden.

Wesentliche Erleichterung läßt sich durch Verwendung des elektrisch betätigten Neufangschen Satzanzeigers erreichen. Derselbe besteht aus 2 Apparaten, einem am Gichtboden in der Nähe der Gichtöffnung untergebrachten Wechselschalter (Fig. 58) und einer in der Gießerei allgemein sichtbar angebrachten Uhr (Fig. 59). Beide Apparate haben denselben elektromagnetischen Uhrenmechanismus mit dem Unterschiede, daß der Hebel a am Wechselschalter nach dem jedesmaligen Einwerfen eines Satzes abwechselnd nach rechts und nach links geschaltet wird, während der Zeiger an der Uhr bei jeder Schaltung um einen Teilstrich vorrückt. Das Zifferblatt ist in 60 Teile geteilt, und außerhalb dieser Teilung ist ein breiter Rand vorgesehen, in dem jedem Teilstrich entsprechend

60 Hülsen angebracht sind. In diese Hülsen werden kleine Täfelchen mit den Bezeichnungen der verschiedenen Sätze gesteckt. Die Bezeichnungen in der Fig. 57 bedeuten: GEW = gewöhnlicher Guß, CYLD I = Zylinderguß I, CYLD II = Zylinderguß II usw. Für die Stelle des ersten Täfelchens an der Uhr ist die Zahl der Sätze maßgebend, die der Schacht faßt. Hält er z. B. 7 Sätze, so steckt man die erste Tafel an den siebenten Teilstrich. Hat man folgende Sätze zu schmelzen: 3 Satz gewöhnliches Eisen, 5 Satz Zylindereisen I, 8 Satz Zylindereisen II, 3 Satz Schwungradeisen, 5 Satz Lagerbockeisen, 6 Satz Zylinder K I, 5 Satz Zylinder K II und 7 Satz gewöhnliches Eisen, so kommen die Täfelchen, wie in der Figur ersichtlich ist, auf den 7., 10., 15., 23., 26., 31., 37. und 42. Strich, das bedeutet: Von 7—10 fließt gewöhnliches Maschineneisen, von 10 bis 15 Zylindereisen I, von 15—23 Zylindereisen II usw. Um die Former wichtiger Gußteile besonders aufmerksam zu machen, können noch Zusatzstreifen mit ihrem Namen an den Stellen der ihnen zugedachten Sätze an das Zifferblatt geheftet werden. — Durch eine solche Uhr wird die Satztafel überflüssig gemacht, das gehörig besteckte Zifferblatt enthält den gesamten für den Betrieb wissenswerten Schmelzplan. Nicht nur der Meister bleibt jederzeit über den Stand der Schmelzung am Laufenden, auch jeder Former ist fortwährend in der Lage zu beurteilen, ob das gerade laufende Eisen für ihn geeignet ist oder nicht, beziehentlich wie lange es noch währen wird, bis er an die Reihe, Eisen abzufassen, kommen wird. Die Uhr spielt gewissermaßen die Rolle eines Mahners während des ganzen Schmelzverlaufes. Sie treibt den Absticher an, die richtigen Former herbeizurufen, so lange das für sie bestimmte Eisen läuft, sie beschuldigt aber auch in unanfechtbarer Weise einen jeden, der sich eines Versäumnisses schuldig machte. Für Betriebe mit wechselnden Sätzen bilden sie darum ein ganz ausgezeichnetes, viele Fehler verhütendes Hilfsmittel.

Fig. 59. Schalter zum Satzanzeiger.

Die Uhr wird am besten freihängend vor dem Ofen angebracht und ist zu dem Zwecke mit einer kleinen Winde auf und ab beweglich. Nach beendigter Schmelzung wird sie hochgezogen, um in einem eisernen Kasten vor unsachgemäßer Behandlung und vor Verstaubung geschützt zu sein.

Die Lagerbestände. Über die Bestände an Roheisen, Brucheisen, Koks, Holzkohle, Kalk und feuerfesten Steinen ist im Betriebe selbst genau Buch zu führen. Die Betriebskanzlei sollte, wie es auf den großen Werken schon allgemein der Brauch ist, auch über alle Abschlüsse in den genannten Rohstoffen am Laufenden gehalten werden, um erforderlich werdende Bestellungen rechtzeitig anregen zu können und um sich beim Verbrauche, insbesondere des Roheisens, entsprechend einteilen zu können. Eintragungen nach dem Vordrucke (Fig. 60) gewähren außer dem Überblicke über die von jeder Roheisensorte vorhandenen Mengen auch Anhaltspunkte über deren Beschaffenheit und dienen damit zugleich als Grund-

Monat *Juni 1921.*

	Marke		Roheisen								Koks	
		Luxbg. III	*Luxbg. III Stapel 2÷5*	*Konkordia Hämat.*	*Schalke 1*	*Falvahütte*	*Kraft III*	*Krupp*			*Lieferung vom 1.÷15. April*	*Lieferung vom 16.÷30. April*
	Preis je t											
Annähernde Gehalte	Silizium %	*3,4*	*3,5*	*2,35*	*3,00*	*3,10*	*3,10*	*2,4*				
	Mangan %	*0,4*	*0,5*	*0,88*	*0,61*	*1,00*	*0,80*	*0,70*				
	Phosphor %	*1,7*	*1,4*	*0,09*	*0,67*	*0,08*	*0,46*	*0,50*				
	Schwefel %	*0,05*	*0,04*	*0,02*	*0,02*	*0,05*	*0,02*	*0,04*			*0,92*	*0,80*
	Asche										*10,70*	*12,40*
1	Bestand t	*93,4*	*89,4*	*122,2*	*420*	*32,0*	*120*	*140*			*67,28*	*122*
	Verbrauch t	*12,4*	*7,4*	*22,0*	*10*	*4,0*	*6*	*5*			*4,24*	—
2	Bestand t	*81,0*	*80,0*	*100,2*	*410*	*28,0*	*114*	*135*			*63,04*	*122*
	Verbrauch t	*11,2*	*10,0*	*8,4*	—	*4,0*	*2*	*4*			*6,04*	—
3	Bestand t	*69,8*	*70,0*	*91,8*	*410*	*24,0*	*112*	*131*			*57,00*	*122*
	Verbrauch t	*2,8*	—	*5,8*	—	—	*10*	*6*			*5,42*	—
4	Bestand t	*67,0*	*70,0*	*86,0*	*410*	*24,0*	*102*	*125*			*51,58*	*122*
	Schlußbestand am 30. Juni											

Fig. 60. Ausgefüllter Vordruck einer Seite des Roh-Eisen- und Kokslagerbuches.

lage für das Gattierungsbuch. Da der Vordruck nur für Verbrauchs- nicht aber auch für Zugangsvermerke eingerichtet ist, werden jeweilige Zugänge in neuen Rubriken der folgenden beziehentlich nächstfolgenden Seiten eingetragen. Je nach dem Betriebsumfange und den am betreffenden Werke üblichen Vorratsmengen macht man wöchentliche, beziehentlich monatliche Abschlüsse und stellt daraufhin fest, wie lange man mit jeder Sorte noch reichen wird. Das Roheisen wird am Hofe waggonweise gelagert, und jeder Stapel mit einer Tafel versehen, die die Waggonnummer, die Roheisenmarke und die angebliche chemische Zusammensetzung des Eisens nachweist. Ähnlich stapelt man das Brucheisen in kleinen etwa 10 000 kg enthaltenden Haufen, wenn immer angängig nach seiner Art, z. B. Poterie-, Ofen-, Armaturen-, schwerer und leichter Maschinenguß usw., getrennt. Werden zugleich im Lagerbuch die Vermerke für Brucheisen nach den getrennt gestapelten Sorten gemacht, so ist eine Nachprüfung des Lagerbestandes zu jeder Zeit in kürzester Frist zu bewerkstelligen und man hat es in der Hand, auch beim Brucheisen den Siliziumgehalt schärfer ins Auge zu fassen, als das gewöhnlich der Fall zu sein pflegt.

Für das Brennstofflager empfiehlt es sich ein eigenes Lagerbuch zu führen. Es ist ein grober Fehler in kalkulatorischer Hinsicht, wenn der Brennstoffaufwand für die Kupolöfen von demjenigen für den übrigen Bedarf der Gießerei nicht streng gesondert gebucht wird. Es empfiehlt sich schon in verhältnismäßig kleinen Betrieben einen zuverlässigen Mann mit der Ausgabe dieser Stoffe zu betrauen. Man stellt ihm eine entsprechend eingeteilte Tafel bei, auf der er mit Kreide jede Ausgabe zu vermerken hat. Auf diese Weise gelangt man auch zu einer gewissen Sicherheit, daß nicht mehr Satz- und Füllkoks verbraucht wird, als vorgeschrieben und in den Schmelzberichten vermerkt wurde. Der Schmelzkoks soll eben so wenig wie das Roheisen und das Brucheisen wahllos auf einen Haufen oder in eine Kammer abgeworfen und gelagert werden. Selbst von der gleichen Zeche fällt der Koks mitunter recht ungleichmäßig aus, ohne daß die Ungleichmäßigkeit zur Zurückweisung einer Lieferung berechtigen würde. Hat man Koks verschiedener Güte gesondert gelagert, so kann einem das in Augenblicken arger Bedrängnis, wenn z. B. das Eisen nicht heiß genug zu bringen ist und man nun zur beiseite gestellten besten Koksqualität greifen kann, sehr gute Dienste tun. Meist läßt sich durch Einbau von Holzwänden allerleichtester Art im Koksschuppen eine durchaus genügende Trennung erreichen.

Das Lager an feuerfesten Steinen sollte stets für mindestens ein halbes Jahr ausreichen. Man ist nur selten in der Lage, jahraus jahrein mit derselben Sorte zu arbeiten. Preis und Güte spielen auch hier eine wichtige Rolle. Man tut darum gut, die Lebensdauer jeder Ausmauerung aufzuzeichnen, um schließlich einen Nachweis zu haben, wie sich die eine oder andere Sorte im Betriebe bewährt hat. Ohne genaue Aufschreibungen sind die gröbsten Irrtümer nicht ausgeschlossen. Es empfiehlt sich darum ein Merkheft zu führen, in dem jeder neuen Ausmauerung eine Seite gewidmet wird. In geeigneten Abteilungen wird jede Schmelzung nach Zeit und Gewicht des geschmolzenen Eisens vermerkt und insbesondere auch die Menge des gesetzten Kalksteines eingetragen. Auf diese Weise gelangt man zum einwandfreien Nachweise der Zahl der Schmelzungen und der Menge des geschmolzenen Eisens, dem eine Ausmauerung standhielt. Selbstredend sind auch gründliche Ausbesserungen, vor allem etwa vorgenommene weitergehende Erneuerung des Ofenfutters in der Schmelzzone gewissenhaft zu vermerken.

Die Selbstkostenermittlung hat alle Aufwendungen zu umfassen, die gemacht werden mußten, um das flüssige Eisen im erforderlichen Überhitzungsgrade zu gewinnen. Diese Aufwendungen zerfallen in die Kosten für das Eisen, einschließlich des Wertes der dem Schmelzbetriebe übergebenen Abfälle, wie Eingüsse, Ausschußware, zerbrochene Formkasten und ähnliches mehr, in die Schmelzkosten und in die Ofenerhaltungskosten. Unter die Ofenerhaltungskosten fallen sämtliche Auslagen für feuerfeste Steine, sowohl für Neuausmauerungen, wie für Ausbesserungen, für die hierbei verbrauchten Nebenstoffe (Lehm, Ton, Sand) und für die aufgewendeten Löhne. Die Schmelzunkosten umfassen die Brennstoffe (Holz, Holzkohle und Koks), die Zuschläge, die Schmelzerlöhne, den Abbrand und die Kraftkosten für Gebläse und Gichtaufzug. Der Vordruck (Fig. 61, S. 53) zeigt die Durchführung einer derartigen Kostenzusammenstellung. In

Die Selbstkostenermittlung.

Selbstkosten des flüssigen Eisens in der Zeit von . . . . . bis . . . . .
Gesamtmenge des erzeugten flüssigen Eisens *1248 t 450 kg.*

1. Allgemeine Schmelzkosten.

Material	Menge		Preis je t		Betrag		Kosten je t		Kosten je t	
	t	kg	ℳ	₰	ℳ	₰	ℳ	₰	ℳ	₰
Füllkoks	23	420	260	80	6 107	90	29	59		
Schmelzkoks . .	118	200	260	80	30 826	56				
Holz	12 m³		250	—	3 000	—	3	00		
Holzkohle . . .	2	200	340	—	748	—				
Brennstoffe					40 682	46	32	59	32	59
Kalk	37	440	54	—	2 021	76	1	62	1	62
Schmelzerlöhne .					24 300	—	19	47	19	47
Feuerfeste Steine	6	800	520	—	3 536	—				
Klebsand	10	—	72	—	720	—				
Ausbessrgs.-Löhne					420	80				
Kleinmaterial . .					172	—				
Ofenerhaltung					4 848	80	3	88	3	88
Stromkosten . .					32 800	—	25	88	25	88
Gesamtkosten					104 153	02			83	45

Fig. 61. Zusammenstellung der allgemeinen Schmelzkosten.

2. Gesamtkosten des flüssigen Eisens verschiedener Gattierung.

Maschineneisen					Zylindereisen					
Eisensorten	kg	Preis je 100 kg		Betrag		Eisensorten	kg	Preis je 100 kg		Betrag	
		ℳ	₰	ℳ	₰			ℳ	₰	ℳ	₰
Krupp	160	80	—	128	—	Krupp Hämat.	150	85	—	127	50
Konkordia	100	75	—	75	—	Alt-Herdorf	80	78	—	62	40
Alt-Herdorf	40	78	—	31	20	Siegener Mel.	70	80	50	56	35
Brucheisen	80	65	—	51	—	Zylinder-Bruch	100	85	—	85	—
Eingüsse	70	80	—	56	—	Eingüsse	50	85	—	42	50
Summe	450			341	20	Summe	450			373	75
Kosten von 100 kg Einsatz				75	70	Kosten von 100 kg Einsatz .				83	05
Allgem. Schmelzkosten. .				8	35	Allgemeine Schmelzkosten . .				8	35
Zusammen				84	05	Zusammen				91	40
Abbrand 2%				1	69	Abbrand 2%				1	83
Gesamtkosten für 100 kg flüssig aus dem Ofen . .				86	19	Gesamtkosten für 100 kg flüssig aus dem Ofen				93	23

Fig. 62. Zusammenstellung der Gesamtkosten des flüssigen Eisens verschiedener Gattierungen.

Betrieben, die genötigt sind mit verschiedenen Gattierungen zu arbeiten, müssen die Kosten derselben gesondert aufgestellt werden, wozu ein Vordruck nach Fig. 62, S. 53 geeignet erscheint. Der tägliche Schmelzbericht (Fig. 57) gewährt einen Überblick über die täglichen Rohstoffkosten des unmittelbaren Schmelzbetriebes. Die Ziffern dieses Tagesberichtes bilden einen Teil der Grundlagen für den nach Lohnperioden, oder, falls diese sich mit den Kalendermonaten, sei es in Form zehntägiger oder halbmonatlicher Auszahlungen decken, monatlich zusammenzustellenden Gesamtselbstkostenbericht. Die Menge der sich täglich ergebenden Eingüsse und Trichter beeinträchtigt die Schmelzkosten an und für sich gar nicht, da es für den Preis des flüssigen Eisens ganz gleichgültig ist, ob eine größere oder geringere Menge von diesen Abfällen sich ergeben wird. Ihren Wert richtig zu erfassen ist Sache der allgemeinen Gußwaren-Gestehungskostenermittlung. Bei der Kostenermittlung des flüssigen Eisens spielt nur diejenige Menge davon eine Rolle, die jeweils als Schmelzeisen anstelle anderen Bruches dem Ofen aufgegeben wird. Man bewertet sie am richtigsten mit dem aus dem Tagesschmelzberichte sich ergebenden Werte des vortägigen flüssigen Eisens. Dagegen ist es nötig, den Abbrand von Zeit zu Zeit, insbesondere bei beträchtlichen Veränderungen der Betriebsgrundlagen, z. B. neuer Zustellung des Ofens, Änderung der Koksmarke, Änderung in den Windverhältnissen u. ä. mehr, zuverlässig festzustellen.

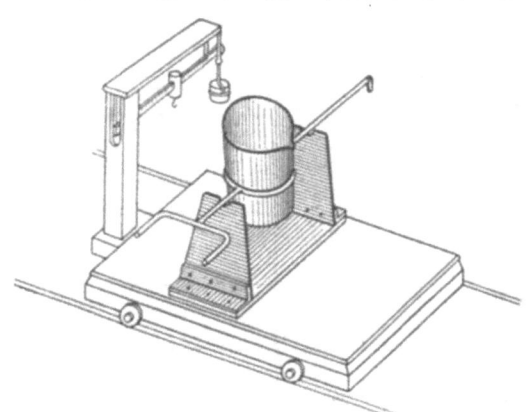

Fig. 63. Gabelpfannenwage.

Das Verfahren, durch Wägung den Abbrand der Tageserzeugung sowie der Eingüsse und sonstiger Eisenabfälle zu ermitteln und die so gewonnene Zahl vom Gewicht des gesetzten Eisens in Abzug zu bringen, ist sehr wenig zuverlässig. Es läßt verschiedene Fehlerquellen zu und ist insbesondere darum zur genauen Ermittlung des Abbrandes wenig geeignet, weil dabei der gesamte Gießverlust (verspritztes Eisen) zum größten Teile dem Abbrande zugerechnet wird. Eine genaue Feststellung des Abbrandes läßt sich nur durch Wägung des gesamten flüssigen und des aus dem Schmelzreste ausgeklaubten festen Eisens gewinnen. Mit den Kranpfannen, die zu dem Zwecke auf Schmalspurwagen abgesetzt werden, fährt man zu der in den meisten Ofenhäusern vorhandenen Brückenwage, und für Hand(Gabel)pfannen bedient man sich einer Wägevorrichtung nach Fig. 63. Solche Wägungen würden, regelmäßig vorgenommen, den Betrieb freilich ungebührlich belasten, sie sind aber etwa einmal allmonatlich immerhin in den Kauf zu nehmen und wirken bei einigem guten Willen durchaus nicht so störend, wie leichthin angenommen werden könnte.

Verlag von Julius Springer in Berlin W 9

Die Formstoffe der Eisen- und Stahlgießerei.
Ihr Wesen, ihre Prüfung und Aufbereitung.
Von Carl Irresberger.
Mit 241 Textabbildungen. 1920. Preis M. 24.—

Aus den zahlreichen Besprechungen:

Der Verfasser steht von seinen zahlreichen Beiträgen zu Dr.-Ing. Geigers weitspannendem „Handbuch der Eisen- und Stahlgießerei" her bei allen Gießereileuten in bester Erinnerung. Wenn er nun im vorstehenden Werke ein Sondergebiet hieraus aufgreift, so setzt er sich eine Aufgabe, an die sich vor ihm noch niemand wagte, die aber die Erwartungen des Fachmannes um so höher schraubt. Und er enttäuscht sie nicht — dies sei gleich vorweg genommen. Im Gegenteil, er füllt hier eine von vielen sicherlich schon oft empfundene Lücke in einer seinem früheren Schaffen mindestens ebenbürtigen, soweit es möglich ist, dasselbe sogar noch überflügelnder Weise aus.

Dem Titel entsprechend macht der Verfasser zwei Hauptabschnitte. Im 1. Teil beschreibt er die verschiedensten Formstoffe und ihre Ergänzungen, im 2. Teil die Aufbereitung. Bringt der 1. Teil manchmal noch etwas längere, aber trotzdem unentbehrliche theoretische Erörterungen, so schöpft der Schreiber daneben in erster Linie aus dem tiefen Schatz seiner praktischen Werkstatterfahrung, und jeder Leser wird in reichem Maße Anregungen zu Verbesserungen im eigenen Heim daraus entnehmen können.

Im 2. Teil, der Aufbereitung, vermeidet der Verfasser geschickt die Klippe, nur mehr oder weniger Ausschnitte aus Reklamekatalogen zu bringen, an der leider so viele Schreiber technologischer Werke mehr oder weniger gründlich scheitern. Wo er äußere Ansichten von Kollergängen u. dergl. bringt, da sind sie sorgfältig auf ihre Anschaulichkeit geprüft; im übrigen wiegen Schnittzeichnungen und Lagerpläne vor. Inhaltlich liefert dieser Teil dem Anfänger wertvolle, allgemeine Winke. Die Einleitung zu den „Selbsttätigen Formsandaufbereitungen", Seite 182—184, stellt goldene Worte dar, dem Werkstattpraktiker gibt sie zahlreiche Andeutungen für Verbesserung oder weiteren Ausbau seiner Anlagen. Mehr als das kann er nicht bieten; denn die genauere Durchführung kann nur von Fall zu Fall erfolgen.

Alles in allem ein durchaus erfreuliches, wertvolles Werk, jedem Gießereimann zu empfehlen. Es wäre wünschenswert, daß alle technischen Werke, vor allem der Werkstattpraxis, so gehaltreich wären wie dieses! *Werkstatttechnik.*

Das vorliegende Werk ist die erste zusammenfassende Behandlung der Formstoffe auf Grund der neuesten Forschungsergebnisse.

Das Buch ist in zwei Abschnitte eingeteilt. Der erste Teil behandelt die Stoffe selbst, ihr Vorkommen oder ihre Herstellung, ihre Eigenschaften und ihre Verwendung und Prüfung, während der zweite Teil der Aufbereitung der Stoffe gewidmet ist.

Das Werk will, wie der Verfasser im Vorwort ausführt, dem Forscher und dem Praktiker an die Hand gehen, indem es dem einen erfolgreich betretene Pfade weist und dem anderen zeigt, wie das errungene Wissen unmittelbar nutzbar zu machen ist. Die Lösung dieser Aufgabe kann als wohlgelungen bezeichnet werden.
Zeitschrift für das Berg-, Hütten- und Salinen-Wesen im Preußischen Staate.

Die Herstellung des Tempergusses und die Theorie des Glühfrischens
nebst Abriß über die Anlage von Tempergießereien. Handbuch für den Praktiker und Studierenden. Von Dr.-Ing. **Engelbert Leber.** Mit 213 Abbildungen im Text und auf 13 Tafeln. 1919. Preis M. 28.—; gebunden M. 31.—

Leitfaden der Hüttenkunde für Maschinentechniker.
Von Dipl.-Ing. **K. Sauer.** Mit 81 Textfiguren. 1920. Preis M. 9.—

Das schmiedbare Eisen, Konstitution und Eigenschaften.
Von Prof. Dr.-Ing. **Paul Oberhoffer** (Breslau). Zweite Auflage. In Vorbereitung

Probenahme und Analyse von Eisen und Stahl.
Hand- und Hilfsbuch für Eisenhütten-Laboratorien. Von Prof. Dipl.-Ing. **O. Bauer** und Prof. Dipl.-Ing. **E. Deiß.** Zweite, vermehrte und verbesserte Auflage. Mit 176 Abbildungen und 140 Tabellen im Text. 1922. Gebunden Preis M. 118.—

Hierzu Teuerungszuschläge

Die Werkzeugstähle und ihre Wärmebehandlung. Berechtigte deutsche Bearbeitung der Schrift: „The heat treatment of tool steel" von **H. Brearley** (Sheffield). Von Dr.-Ing. **Rudolf Schäfer** (Berlin). Dritte, durchgearbeitete Auflage.
In Vorbereitung

Lehrgang der Härtetechnik. Von Studienrat Dipl.-Ing. **Joh. Schiefer** und Fachlehrer **E. Grün.** Zweite, vermehrte und verbesserte Auflage. Mit 192 Textfiguren. 1921. Preis M. 38.—; gebunden M. 44.—

Härte-Praxis. Von **Carl Scholz.** 1920. Preis M. 4.—

Härten und Vergüten. Teil I: Stahl und sein Verhalten. Von **Eugen Simon.** Mit 52 Figuren und 6 Zahlentafeln im Text. 1921. Preis M. 7.—
[**Werkstattbücher** für Betriebsbeamte, Vor- und Facharbeiter. Herausgegeben von **Eugen Simon.** Heft 7.]

Härten und Vergüten. Teil II: Die Praxis der Warmbehandlung. Von **Eugen Simon.** Mit 92 Figuren und 10 Zahlentafeln im Text. 1921. Preis M. 6.60
[**Werkstattbücher** für Betriebsbeamte, Vor- und Facharbeiter. Herausgegeben von **Eugen Simon.** Heft 8.]

Das Schleifen der Metalle. Von Dr.-Ing. **B. Buxbaum.** Mit 71 Textfiguren. 1921. Preis M. 6.60
[**Werkstattbücher** für Betriebsbeamte, Vor- und Facharbeiter. Herausgegeben von **Eugen Simon.** Heft 5.]

Wirtschaftliches Schleifen. Gesammelte Arbeiten aus der Werkstattstechnik, XI.—XV. Jahrgang. 1917—1921. Herausgegeben von Professor Dr.-Ing. **G. Schlesinger** (Charlottenburg). 1921. Preis M. 24.—

Die Grundzüge der Werkzeugmaschinen und der Metallbearbeitung. Von Professor **Fr. W. Hülle** (Dortmund). In zwei Bänden. Dritte, vermehrte Auflage.
Erster Band: Der Bau der Werkzeugmaschinen. Mit 240 Textabbildungen. 1921. Preis M. 27.—
Zweiter Band: **Die wirtschaftliche Ausnutzung der Werkzeugmaschinen in der Metallbearbeitung.** Mit etwa 250 Textabbildungen.
Erscheint im Frühjahr 1922

Die Werkzeugmaschinen, ihre neuzeitliche Durchbildung für wirtschaftliche Metallbearbeitung. Ein Lehrbuch. Von Professor **Fr. W. Hülle** (Dortmund). Vierte, verbesserte Auflage. Mit 1020 Abbildungen im Text und auf Textblättern, sowie 15 Tafeln. Zweiter, unveränderter Neudruck.
Erscheint im Frühjahr 1922

MIX
Papier aus verantwortungsvollen Quellen
Paper from responsible sources
FSC® C105338

If you have any concerns about our products,
you can contact us on
ProductSafety@springernature.com

In case Publisher is established outside the EU,
the EU authorized representative is:
**Springer Nature Customer Service Center GmbH
Europaplatz 3, 69115 Heidelberg, Germany**

Printed by Libri Plureos GmbH
in Hamburg, Germany